机械制图

刘静华　主编

北京航空航天大学出版社

内 容 简 介

本书根据教育部提出的"面向二十一世纪高等教育改革"教改项目——"机械基础系列课的教改研究与实践"课题的改革成果编写而成,形成《画法几何》《机械制图》两本教材。本书主要内容包括机械制图基础知识、组合体的构形与表达、机件常用的表示方法、零件的构形与表达方法、标准件和常用件、装配图与结构设计基础等。

本书可作为高等工科院校机械类专业本科学生的技术基础课教材,也可作为相关专业学生或工程技术人员的参考用书。

图书在版编目(CIP)数据

机械制图 / 刘静华主编. -- 北京 ：北京航空航天
大学出版社,2020.8
 ISBN 978 - 7 - 5124 - 3331 - 1

Ⅰ. ①机… Ⅱ. ①刘… Ⅲ. ①机械制图－高等学校－
教材 Ⅳ. TH126

中国版本图书馆 CIP 数据核字(2020)第 147506 号

机 械 制 图

刘静华　主编

责任编辑　金友泉

＊

北京航空航天大学出版社出版发行

北京市海淀区学院路 37 号(邮编 100191)　http://www.buaapress.com.cn
发行部电话:(010)82317024　传真:(010)82328026
读者信箱: goodtextbook@126.com　邮购电话:(010)82316936
三河市华骏印务包装有限公司印装　各地书店经销

＊

开本:787×1 092　1/16　印张:14　字数:358 千字
2020 年 9 月第 1 版　2024 年 1 月第 3 次印刷　印数:6 001～8 000 册
ISBN 978 - 7 - 5124 - 3331 - 1　定价:39.00 元

前　　言

20世纪90年代以来,围绕高等工程教育如何进行改革,国内外展开了一系列讨论。1996年,教育部提出了"面向二十一世纪高等教育改革"教改项目,开始了全国范围内的教改大行动。我们有幸参加了"机械基础系列课的教改研究与实践"课题的研究,针对"画法几何""机械制图""机械原理""机械设计"等课程进行改革。经过多年的实践与探索,取得了一系列成果,本系列课程荣获国家教学成果二等奖和北京市教学成果一等奖,"画法几何"和"机械制图"课程于2006年获评北京市精品课程和国家级精品课程,并于2016年成为首批国家级资源共享课(课程网址:http://www.icourses.cn/sCourse/course_3287.html),相关教材已被评为北京高等教育精品教材。

2018年召开的全国教育大会对高等教育提出了新的要求,为了培养出适应新时代需求的应用型、创新型人才,我们对"画法几何"和"机械制图"课程进行了优化和改革。课程内容以图学教学基本要求为基础,拓展广度和深度,坚持知识、能力、素质有机融合,培养学生解决复杂问题的综合能力和图形思维;开展研究性教学,将学术研究、科技发展前沿成果引入课程,利用现代化技术实现教学互动,引导学生进行研究性与个性化学习;设置研究性课题与综合创新设计教学,培养学生分析和解决复杂工程问题、工程实践及创新设计的能力,严格实施综合性知识与能力的过程考核。

为配合课程改革,我们对原有教材进行了修订,并对章节安排进行优化,形成《画法几何》和《机械制图》两本教材。本书主要内容包括机械制图基础知识、组合体的构形与表达、机件常用的表示方法、零件的构形设计与表达、标准件和常用件、装配图与结构设计基础等,讲授40学时,另有16学时上机实践。

本书由刘静华主编。参加编写工作的还有潘柏楷、王运巧、杨光、马金盛、王玉慧、肖立峰、宋志敏、汤志东和马弘昊,参加绘图工作的有浦立、唐科、王凤彬、王增强和李瀛博。

由于编者水平有限,书中不妥之处,恳请广大读者批评指正。

编　者
2020年5月

目　　录

第 1 章　机械制图基础知识

1.1　制图基础知识

1.1.1　机械制图国家标准

作为指导生产的技术文件,工程图样必须具有统一的标准。我国于 1959 年首次颁布机械制图国家标准,以后又经过多次修改。改革开放以来,由于国际间技术及经济交流日益增多,新国家标准吸取了相关国际标准的成果,其内容更加科学合理。每一个工程技术人员在绘制生产图样时都应严格遵守国家标准。

1. 图纸幅面和格式

国家标准规定了绘制工程图样的基本幅面和加长幅面。绘图时应优先选用基本幅面,必要时可选择加长幅面。基本幅面以 A 表示,如 A0,A1,…,A4,其尺寸如表 1-1 所列,其中 A1 幅面尺寸 594×841(宽×长)应给予特别关注,因为丁字尺与绘图桌都与其有关。此外,A1 的一半是 A2,A2 的一半是 A3,以此类推。

表 1-1　基本幅面　　　　mm

图纸幅面	$B×L$	a	c	e
A0	841×1 189			5
A1	594×841		10	
A2	420×594	25		
A3	297×420		5	10
A4	210×297			

每个图幅内部都要画一图框,并用粗线表示,在图框右下角还要画一标题栏,如图 1-1 所

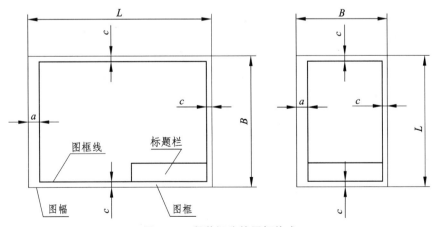

图 1-1　留装订边的图框格式

示。图纸可横放或竖放,留装订边的图纸格式如图1-1所示,不留装订边的图纸格式如图1-2所示。标题栏的内容格式和尺寸在国标中未作统一规定,图1-3所示的标题栏格式可供教学时参考。

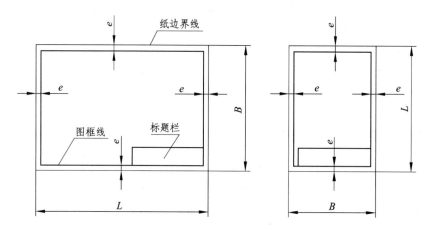

图1-2 不留装订边的图框格式

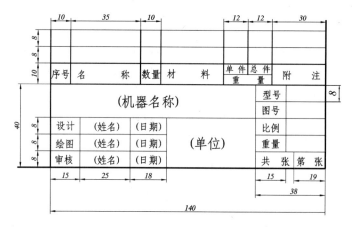

图1-3 教学参考用标题栏

2. 比 例

绘制工程图样最好按1:1的比例,即图样大小与实物大小相同。但是机件的形状、大小各不相同,结构复杂程度也有差别,为了在图纸上清晰地表达机件的形状、结构以及标注尺寸和技术要求,并使图纸幅面得到合理利用,就须根据不同情况选用合适比例。国标规定的比例如表1-2和表1-3所列。

表1-2 绘图比例(一)

种 类	比 例				
原值比例	1:1				
放大比例	2:1	5:1	10:1	$2 \times 10^n:1$	$5 \times 10^n:1$	$1 \times 10^n:1$
缩小比例	1:2	1:5	1:10	$1:2 \times 10^n$	$1:5 \times 10^n$	$1:1 \times 10^n$

表 1 - 3　绘图比例(二)

种　类	比　例				
原值比例	1：1				
放大比例	4：1	2.5：1	4×10^n：1	2.5×10^n：1	
缩小比例	1：1.5	1：2.5	1：3	1：4	1：6
	$1：1.5 \times 10^n$	$1：2.5 \times 10^n$	$1：3 \times 10^n$	$1：4 \times 10^n$	$1：6 \times 10^n$

注：n 为正整数,优先选用表 1 - 2。

3. 字　体

图样中除了图形之外还有尺寸及文字说明,因此书写符合标准的字体是十分重要的,GB/T 14691—1993 中规定了工程图中汉字、字母和数字的结构形式及基本尺寸。

① 书写要求:字体工整、笔画清楚、间隔均匀及排列整齐。

② 字高(用 h 表示):字体高度的公称尺寸系列为 1.8 mm,2.5 mm,3.5 mm,5 mm,7 mm,10 mm,14 mm,20 mm,字体高度即代表字体的号数。例如 5 号字的字体高度为 5 mm。

③ 汉字:工程图样中的汉字应写成长仿宋体。

④ 长仿宋体的特点:横平竖直,字体细长,起落笔有锋。汉字的高度不应小于 3.5 mm,字体的宽度一般为 $h / \sqrt{2}$。示例如下:

10 号字

字体工整 笔画清楚 间隔均匀 排列整齐

7 号字

横平竖直注意起落结构均匀填满方格

⑤ 字母和数字:字母和数字的书写有直体和斜体两种形式。斜体字的字头向右倾斜,并与水平基准线成 75°,通常数字书写时采用斜体。示例如下:

拉丁字母

大写直体

ABCDEFGHIJKLMNOP

QRSTUVWXYZ

小写直体

abcdefghijklmnopq

rstuvwxyz

大写斜体

小写斜体

数 字

罗马字母

4. 线 型

工程图样是由各种线条组成的,图线按其用途有不同的宽度和形式。各种图线的名称、形式、宽度及一般应用如表1－4所列。图线宽度和图线组别见表1－5,在机械图样中采用粗细两种线宽,它们之间的比例为2:1。

表1－4 线型及应用

代 码	线 型	一般应用
01.1	细实线 	.1 过渡线
		.2 尺寸线
		.3 尺寸界线
		.4 指引线和基准线
		.5 剖面线
		.6 重合断面的轮廓线
		.7 短中心线
		.8 螺纹牙底线
		.9 尺寸线的起止线
		.10 表示平面的对角线

续表 1 - 4

代　码	线　型	一般应用
01.1	细实线	.11 零件成形前的弯折线
		.12 范围线及分界线
		.13 重复要素表示线,例如:齿轮的齿根线
		.14 锥形结构的基面位置线
		.15 叠片结构位置线,例如:变压器叠钢片
		.16 辅助线
		.17 不连续同一表面连线
		.18 成规律分布的相同要素连线
		.19 投影线
		.20 网格线
	波浪线 	.21 断裂处边界线;视图与剖视图的分界线[a]
	双折线 	.22 断裂处边界线;视图与剖视图的分界线[a]
01.2	粗实线	.1 可见棱边线
		.2 可见轮廓线
		.3 相贯线
		.4 螺纹牙顶线
		.5 螺纹长度终止线
		.6 齿顶圆(线)
		.7 表格图、流程图中的主要表示线
		.8 系统结构线(金属结构工程)
		.9 模样分型线
		.10 剖切符号用线
02.1	细虚线	.1 不可见棱边线
		.2 不可见轮廓线
02.2	粗虚线	.1 允许表面处理的表示线
04.1	细点画线	.1 轴线
		.2 对称中心线
		.3 分度圆(线)
		.4 孔系分布的中心线
		.5 剖切线
04.2	粗点画线	.1 限定范围表示线

续表 1-4

代 码	线 型	一般应用
05.1	细双点画线 ·—··—··—	.1 相邻辅助零件的轮廓线
		.2 可动零件的极限位置的轮廓线
		.3 重心线
		.4 成形前轮廓线
		.5 剖切面前的结构轮廓线
		.6 轨迹线
		.7 毛坯图中制成品的轮廓线
		.8 特定区域线
		.9 延伸公差带表示线
		.10 工艺用结构的轮廓线
		.11 中断线

a 在一张图样上一般采用一种线型,即采用波浪线或双折线。

表 1-5　图线宽度和图线组别

单位:mm

线型组别	与线型代码对应的线型宽度	
	01.2;02.2;04.2	01.1;02.1;04.1;05.1
0.25	0.25	0.13
0.35	0.35	0.18
0.5a	0.5	0.25
0.7a	0.7	0.35
1	1	0.5
1.4	1.4	0.7
2	2	1

a 优先采用的图线组别

1.1.2　手工绘图基础

正确使用绘图工具可以提高绘图效率和精度,在绘图之前应首先了解绘图工具的使用。常用的绘图工具有:铅笔、丁字尺、三角板、圆规、分规和曲线板等。

1. 铅　笔

在手工绘图之前应先将铅笔削好,加深粗实线的铅笔要用砂纸磨削成所需厚度的矩形,其余则为圆锥形,如图 1-4 所示。

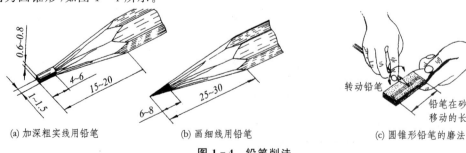

(a) 加深粗实线用铅笔　　(b) 画细线用铅笔　　(c) 圆锥形铅笔的磨法

图 1-4　铅笔削法

2. 丁字尺及图板

图板和丁字尺配合在一起使用,如图 1-5 所示。丁字尺由尺头和尺身组成。使用时,尺头沿图板上下移动,铅笔沿尺身移动可画水平线,如图 1-6 所示。

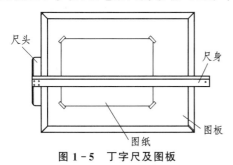

图 1-5　丁字尺及图板

图 1-6　画水平线

3. 三角板

三角板分为 45° 及 30°/60° 两种,可通过三角板在丁字尺上平移来画垂直线或 45° 和 60° 线,如图 1-7(a)所示;三角板和丁字尺配合使用还可画 15° 倍角的斜线,如图 1-7(b)所示;两个三角板配合可画任意平行线,如图 1-7(c)所示。

(a)画垂直线及45°、60°斜线

(b)画15°倍角的斜线

(c)用三角板画任意角度平行线

图 1-7　三角板的用法

4. 圆　规

圆规可用于画圆及圆弧(见图 1-8)。加粗用的铅芯和画细线圆用的铅芯应在砂纸上分别磨削成如图 1-9 所示的铲形和矩形。

5. 分　规

分规可用于量取或等分线段,如图 1-10 所示。

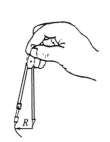

图 1-8　画圆(细线)

图 1-9　圆规的铅心削法

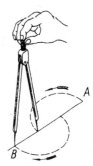

图 1-10　分规用法

1.1.3　尺寸注法

图样中的视图,主要用以表达机件的形状;而机件的真实大小,则由所标注的尺寸来确定。尺寸标注是绘制工程图样的一个重要环节,因此,国家标准 GB/T 4458.4—2003 规定了标注尺寸的方法。

1. 标注尺寸的基本规定

标注尺寸的基本规定如下:

① 机件的真实大小应以图样上所注的尺寸数值为依据,与图形的大小及绘图的准确性无关。

② 图样中的尺寸以 mm(毫米)为单位时,不必标注尺寸计量单位的名称或代号,如果采用其他单位,则必须注明相应单位的代号或名称,例如:10 cm(厘米),5 in(英寸),60°等。

③ 图样中的尺寸应为该机件的最后完工尺寸,否则应另加说明。

④ 机件的每一个尺寸,一般只标注一次,并应标注在反映该结构最清晰的图形上。

2. 组成尺寸的四个要素

一个完整的尺寸,一般应包含尺寸线、尺寸界线、尺寸数字和箭头这四个要素,如图 1-11 所示。

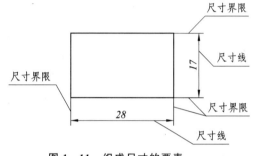

图 1-11　组成尺寸的要素

(1) 尺寸界线

尺寸界线用来确定所注尺寸的范围,用细实线绘制,一般从图形的轮廓线、轴线或对称中心线处引出;也可利用轮廓线、轴线或对称中心线作尺寸界线,如图 1-12 所示。

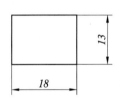

(a) 尺寸界线用细线表示由轮廓线引出

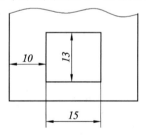

(b) 尺寸界线可以用轮廓线代替

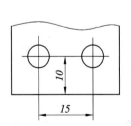

(c) 尺寸界线可以用点画线代替

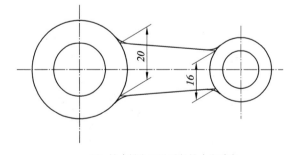

(d) 尺寸界线可以不与尺寸线垂直

图 1-12　尺寸界线画法

尺寸界线的末端应超出箭头 2 mm 左右,一般应与尺寸线垂直,必要时也允许倾斜,如图 1 - 12(d)所示。

(2) 尺寸线

尺寸线用细实线绘制,一般应与图形中标注该尺寸的线段平行,并与该尺寸的尺寸界线垂直。

尺寸线的终端多采用箭头的形式,箭头应指到尺寸界线,如图 1 - 12 所示。

尺寸线不能用其他图线代替,一般也不能与其他图线重合或画在其延长线上,尺寸线之间或尺寸线与尺寸界线之间应避免交叉,如图 1 - 13 所示。

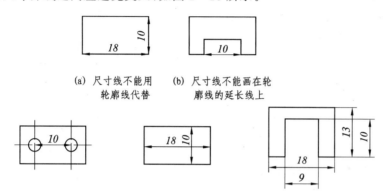

(a) 尺寸线不能用　　(b) 尺寸线不能画在轮
　轮廓线代替　　　　　廓线的延长线上

(c) 尺寸线不能用　(d) 尺寸线之间应避免相交　(e) 尺寸线应避免与尺寸界线相交
　点画线代替

图 1 - 13　尺寸线的几种错误画法

尺寸线的终端有两种形式:箭头和斜线如图 1 - 14(a)和图 1 - 14(b)所示,斜线用细实线绘制,且必须以尺寸线为准,逆时针方向旋转 45°。当尺寸线的终端采用斜线形式时,尺寸线与尺寸界线必须相互垂直如图 1 - 14(c)所示。同一张图样中只能采用一种尺寸线终端的形式。

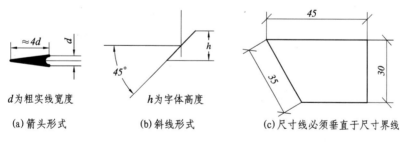

d 为粗实线宽度　　　　　h 为字体高度

(a) 箭头形式　　　　　(b) 斜线形式　　　　　(c) 尺寸线必须垂直于尺寸界线

图 1 - 14　尺寸线的终端形式

(3) 尺寸数字

尺寸数字书写时一般用 3.5 号斜体,并以 mm(毫米)为单位,在图样中不须标注其计量单位的名称或代号。

线性尺寸的数字一般应注写在尺寸线的上方,也允许注写在尺寸线的中间断开处。水平方向的尺寸,尺寸数字应水平书写,垂直方向的尺寸数字一律朝左书写,如图 1 - 14(c)所示。倾斜方向的尺寸,其尺寸数字的方向应按图 1 - 15(a)所示的方向标注,并尽可能避免在图示的 30°范围内标注尺寸,当无法避免时,可按图 1 - 15(b)所示的形式引出标注。

尺寸数字不可被任何图线穿过,否则应将该图线断开,如图 1-16 所示。

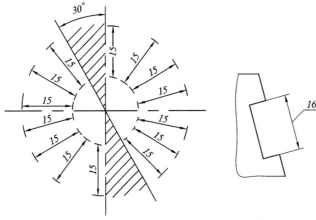

(a) 尺寸数字的书写方向

(b) 允许用指引线表示30°
范围内禁区的尺寸

图 1-15　各种方向的尺寸数字注写法

应避免图线与字体相交,应
将通过字体的图线断开

图 1-16　尺寸数字不允许被图线穿过

3. 角度、圆及圆弧尺寸的标注

(1) 角度尺寸的标注

标注角度时,尺寸线应画成圆弧,其圆心为该角的顶点;尺寸界线应沿径向引出,角度的数字一律写成水平方向,一般注写在尺寸线的中断处。必要时也可注写在尺寸线上方或外面或引出标注,如图 1-17 所示。

(2) 圆、圆弧及球的尺寸标注

对于圆及大于180°的圆弧应标注直径,并在尺寸数字前加注符号"ϕ";对于小于或等于180°的圆弧应标注半径,并在尺寸数字前加注符号"R",如图 1-18 所示。

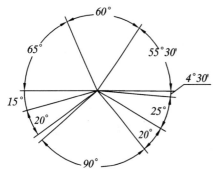

图 1-17　角度尺寸注法

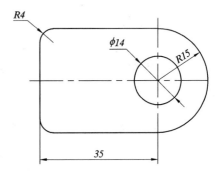

图 1-18　圆及圆弧尺寸注法

当圆弧半径过大或在图纸范围内无法标出圆心位置时,半径尺寸可按图 1-19 的形式标出。

标注球的直径或半径时,应在符号"R"或"ϕ"前再加符号"S",如图 1-19(b)和图 1-20所示。

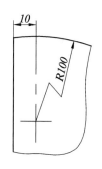

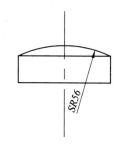

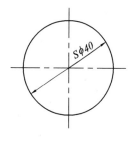

(a) 尺寸线允许曲折一次,并引至
表示圆心位置线的任一点　　　　(b) 尺寸线对应圆心方向,不画到圆心

图 1-19　大半径圆弧尺寸注法　　　　**图 1-20　球的尺寸注法**

4. 狭小部位尺寸的标注

小的部位的直线尺寸箭头应朝里画,尺寸数字可写在里面、外面,甚至用指引线引出标注,如图 1-21(a)所示。多个小尺寸连在一起,无法画出所有箭头时,尺寸线的终端允许用斜线或圆点代替箭头,如图 1-21(a)所示。对小的圆或圆弧允许用图 1-21(b)所示的各种方式标注。

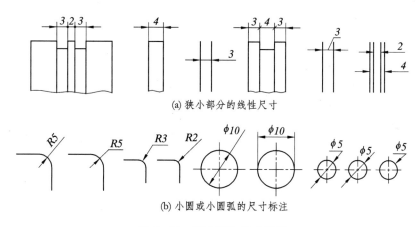

(a) 狭小部分的线性尺寸

(b) 小圆或小圆弧的尺寸标注

图 1-21　狭小部位尺寸注法

1.2　平面图形的构形与尺寸标注

由于零件设计上的要求,零件的某些凸缘、安装板、剖面形状和板类零件的外形,具有平面图形的特征,因此,根据构形和几何确定来标注平面图形的尺寸,就成为零件图尺寸的一个基本组成部分。

所谓平面图形特征是指在大多数情况下,平面图形是规则的几何图形。它一般是由圆弧和直线光滑连接而成的。因此,在标注这类图形尺寸时,首先应从它的构形特点出发,标出一些最基本尺寸,然后再从几何条件出发,注出其全部尺寸。

1.2.1 由内部结构决定的平面图形

零件上的某些凸缘,其内部常有一些均匀或规则排列的孔,它的外形大致也是由这些孔决定的,因此在标注这类图形的尺寸时,首先标注出各孔的大小和位置尺寸,然后再标注出各孔外圆弧的尺寸,整个图形就确定了,如图 1-22 所示。图 1-23 虽是个剖视图形,但从图中可以明显看出,它也是个由内定外构形的图形,其内部是个空腔,外部形状也就依照空腔而定。对于这类图形,无论是画图还是标注尺寸,都应按照构形特点去作才会得到较好的效果。

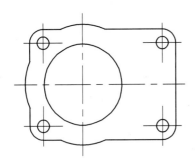

图 1-22 内定外构形(一)

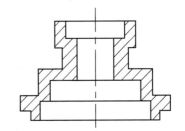

图 1-23 内定外构形(二)

图 1-22 的图形画法如图 1-24 所示,即先画内部五个孔,如图 1-24(a)所示;再画孔外圆弧,如图 1-24(b)所示;然后将各外圆弧相连接,如图 1-24(c)所示;最后擦去多余的线并加深,如图 1-24(d)所示。

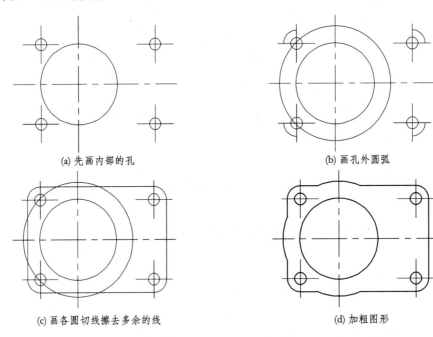

(a) 先画内部的孔   (b) 画孔外圆弧

(c) 画各圆切线擦去多余的线   (d) 加粗图形

图 1-24 平面图形构形分析

图 1-25 是其标注尺寸过程。首先标出内部尺寸,即标注 $\phi29$ 和 $4\times\phi8$ 定形尺寸,再标注 4 孔的定位尺寸 50 和 75,由于图形上下对称,所以 50 即上下位置各 25,左右不对称,必须再

加上定位尺寸 25，才能确定其位置，如图 1-25(a)所示；其次要标注各圆的外圆弧尺寸 φ72 和 R8，如图 1-25(b)所示，由于图形周围为矩形，所以还要标注矩形的长和宽，即 91 和 66，但左右不对称，所以还要标注偏心距 33，如图 1-25(c)所示；最后将所有尺寸安排清晰妥当，如图 1-25(d)所示。

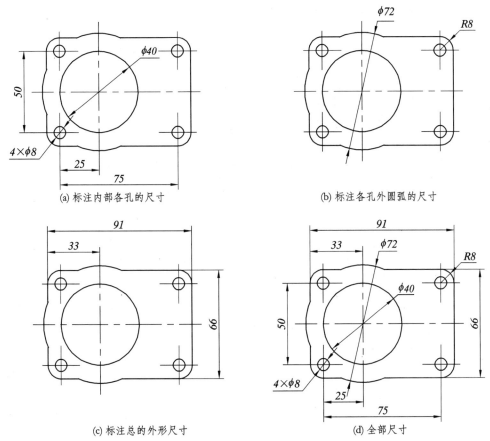

图 1-25　按构形分析标注尺寸

图 1-26 是两个简单的内定外构形的例子，要着重指出的是图形两端都是圆的。在这种情况下，不应标注总长尺寸，否则将是错误注法。

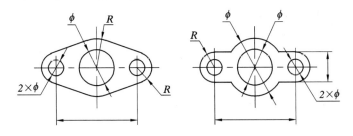

图 1-26　按内定外构形标注尺寸

图 1-27 是图 1-23 的画图过程。先画内部形状如图 1-27(a)所示，再由内定外画出外部形状如图 1-27(b)所示。这样画图又快又好，最后画出剖面线。

注意：剖面线必须是 45°倾斜线，线与线的间距约为 2～4 mm。

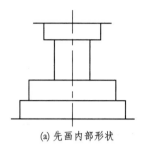

(a) 先画内部形状

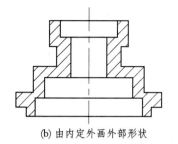

(b) 由内定外画外部形状

图 1-27 内定外构形

图 1-28 是图 1-23 的尺寸标注过程。其步骤如下：

● 标注内部尺寸，即标注孔的直径与深度。为了使标注尺寸清晰可见，孔深尺寸一般标在图形的外部，且安排在图形的一侧，如图 1-28(a) 左侧所示。这样，标注内孔尺寸的顺序是，先标注孔 $\phi20$，然后标注上面的孔 $\phi32$ 和深 9，再标注下面的孔 $\phi48$ 和深 21 以及 $\phi58$ 和深 10，最后标注总高 52。

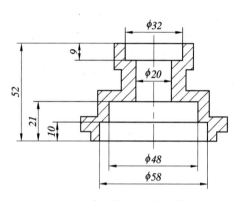

(a) 标注内孔直径和深度

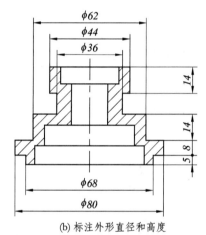

(b) 标注外形直径和高度

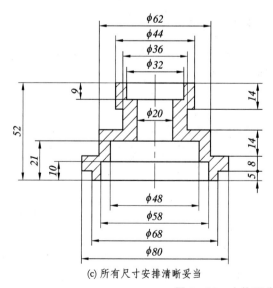

(c) 所有尺寸安排清晰妥当

图 1-28 由构形分析标注尺寸

● 标注外部尺寸,即标注各外部圆柱直径和高度。为了清晰起见,各直径应尽可能标在图形外面,且尺寸应由小到大排列,间距应保持在 7～10 之间,且各圆柱高度应安排在图形的另一侧,如图 1-28(b)所示。这样,标注的顺序是 $\phi68$ 和 5、$\phi80$ 和 8、$\phi36$、$\phi44$ 和 14 及 $\phi62$ 和 14。

● 最后将所有尺寸安排清晰妥当,如图 1-28(c)所示。

这里要特别强调,尺寸标注清晰是非常重要的,也是很难的。如果已经发现尺寸没有安排好,应该擦去重新安排、标注,直到满意为止。

有些图形中,孔沿圆周分布,如图 1-29 所示。这时仍可用内定外构形标注尺寸,不过是采用极坐标标注孔的定位尺寸,即标注分布孔所在圆周的直径或半径以及分布孔的角度。图 1-29 的图形标注尺寸步骤如下:

● 标注五个孔的定形尺寸,即 $\phi21$ 和 $4\times\phi5$,左边两孔的定位尺寸为 $R15$ 和 45°,右边两孔的定位尺寸为 $R22$ 和 15°、75°。

● 标注整个图形的外部尺寸 $R6$、$R28$ 和 $R17$。

图 1-30 和图 1-31 是不规则图形,仍可以用内定外构形标注尺寸,只是要找到标注尺寸的基准。图 1-30 以左边 $\phi12$ 孔的中心为基准,标注定位尺寸 30、20 和 40、30 及定形尺寸 $2\times\phi8$、$\phi12$,最后再标注 $R10$ 和 $\phi24$,整个图形尺寸即标注完毕。

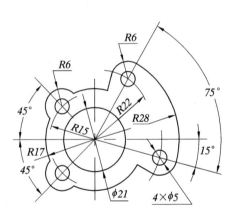

图 1-29　构形分析与尺寸标注(一)

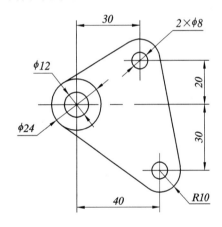

图 1-30　构形分析与尺寸标注(二)

图 1-31 以下边直角形的底边 A 和侧边 B 为基准标注尺寸,所以整个图形标注尺寸的过程是,先标注直角形尺寸 10、45 和 10、25,再标孔径 $\phi12$ 和定位尺寸 25 和 40,最后标注外形尺寸 $\phi24$ 和右边切线端点的定位尺寸 9。

图 1-32(a)中图形为六孔 $\phi8$ 沿圆周均匀分布,此时可只画出其中一个孔,其他孔仅画出中心线即可。标注尺寸时,除标注 $6\times\phi8$ 之外,还要标注"均布"两字,也可像图 1-32(b)中那样写上"EQS"。

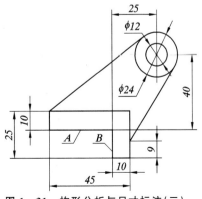

图 1-31　构形分析与尺寸标注(三)

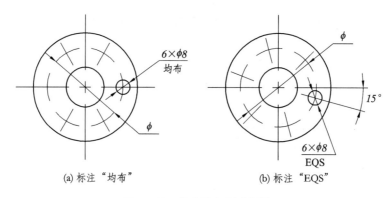

(a) 标注"均布"　　　　　　(b) 标注"EQS"

图 1-32　均布孔与尺寸标注

1.2.2　带有圆角轮廓的图形

　　有些平面图形不是内定外构形,而是由于结构的需求先做成多边形,再将其修切成圆角,如图 1-33 和图 1-34 所示。这类图形根据结构特点,显然应先标注出多边形轮廓尺寸,再标注各圆角的半径 R。从几何作图可知,各圆弧的圆心位置均已确定,无须再标注定位尺寸。

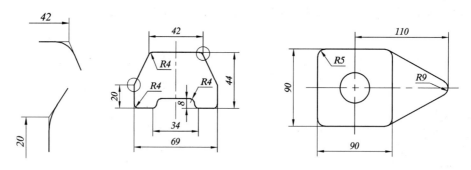

图 1-33　构形与尺寸

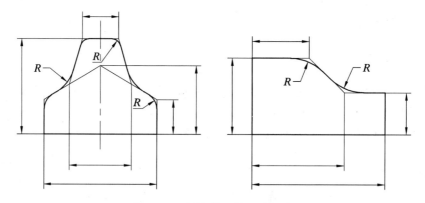

图 1-34　圆角构形的尺寸标注

　　对这类图形,不能像内定外构形那样先标注各圆弧的圆角半径尺寸,再标注各圆弧圆心的定位尺寸,如图 1-35 所示那样。这是错误标注法。

　　图 1-36 和图 1-37 的尺寸标注法都是正确的,分析它们的区别,以便在标注尺寸时借鉴。

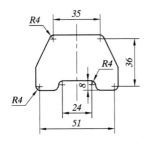

图 1-35　错误注法

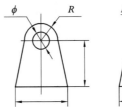

图 1-36　按构形标注尺寸(一)

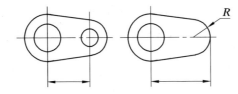

图 1-37　按构形标注尺寸(二)

1.2.3　对称图形的尺寸

当图形具有对称中心线时,分布在对称中心线两边的相同结构,可仅标注其中一边的结构尺寸,如图 1-38 中的 $R64$,12,$R9$ 及 $R5$ 等。

图 1-39(a)是常见的错误注法,错误的原因之一是缺乏构形分析;错误的另一原因是缺乏对称的概念,只要是对称图形,应该以对称中心为基准标注尺寸。这样可把尺寸标注的特别清晰简单,且合理。

从图 1-39(b)标注的尺寸可以清楚看出,这个图形原来长度为 28,切出 23 的一个槽,再作出 $R8$ 的半圆,下边也是先有 42,再切去成 22,所以这是正确的构形分析注法。

图 1-40(a)所示是另一种常见标注尺寸的基准选择不妥,即以圆周的某一点为基准标注尺寸 13;显然,图 1-40(b)是正确的,它以圆的对称中心为基准标注尺寸 24。

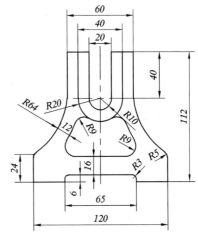

图 1-38　对称构形的尺寸标注

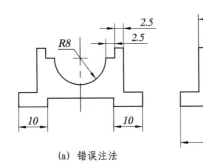

(a) 错误注法　　　　　(b) 正确注法

图 1-39　对称构形尺寸的正确标注

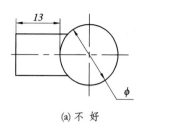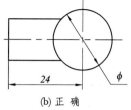

(a) 不 好   (b) 正 确

图 1－40　以几何中心为基准标注尺寸

图 1－41 中,从对称的角度看,两图的标注尺寸均正确。但从基准选择看,图 1－41(b)无疑是比较好的注法,因为它是以对称中心为基准,标注圆弧 $R3$ 的定位尺寸 50;而图 1－41(a)则通过尺寸 60,以两边为基准标注圆弧 $R3$ 的定位尺寸 5 是不好的注法。

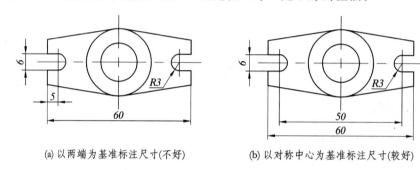

(a) 以两端为基准标注尺寸(不好)   (b) 以对称中心为基准标注尺寸(较好)

图 1－41　对称图形尺寸标注

1.2.4　歪斜图形的尺寸标注

由于结构上的原因,有些图形中的某些结构,要求作成与主要结构部分成倾斜位置,因而成了具有歪斜部分的图形。多数情况下,歪斜部分仍有自己的对称轴线或对称中心,如图 1－42 所示。这类图形标注尺寸也很简单,只要标注歪斜部分时按其对称中心标注尺寸,如图中的尺寸 10 和 16,4 和 30,然后再加注一歪斜角度 30°即可。

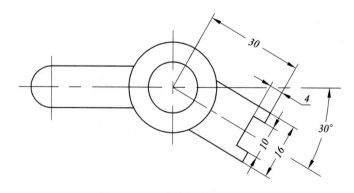

图 1－42　歪斜构形的尺寸标注

图 1－43 是一个更复杂的歪斜图形,但标注尺寸仍很简单,只要将下部尺寸标注好,再标上部尺寸,按其局部对称中心为基准标注尺寸,如图 1－43 中的 38,11,$R20$ 和 $R25$,然后再标注上部图形与下部图形的相对位置和歪斜角度即可,如图中的 x,y 和 60°。

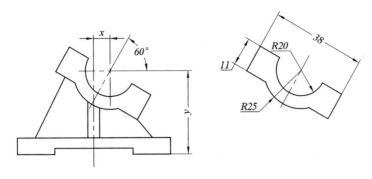

图 1 - 43　歪斜部分构形的尺寸标注

1.2.5　圆弧连接图形

由于结构原因,机械上某些零件,往往设计成圆弧连接的图形,如摇臂、拨叉、挂轮架等零件。这种图形的特点是比较复杂,既有内定外构形,又有带圆角的图形;既有圆弧和圆弧连接,又有圆弧和直线连接等。画图时,要求画的光滑美观;标注尺寸时,要根据几何分析,既不能给出多余尺寸,也不能缺少尺寸,如有些连接圆弧只须给出半径大小,而其圆心位置尺寸不必给出,或只给出一个圆心位置即可。

如图 1 - 44 所示挂轮架,其下部分有三处内定外构形,上部分为带圆角的构形。图 1 - 45(a)是图 1 - 44 的作图过程。图 1 - 45(b)是它标注后的图形。从图中可以看出,左边的尺寸 R20 是个连接圆弧,它把已知直线与 ϕ90 的圆弧连接起来,所以是惟一确定的,无须给出它的圆心位置尺寸。同理,图形右边下面的圆弧 R10 也是连接圆弧,它把 ϕ90 圆弧与 R18 圆弧连接起来,因此它也是几何确定的,无须给出 R10 的圆心位置尺寸。同理,上面的圆弧 R10 也是连接圆弧。

图 1 - 45(b)中,最上面的圆弧 R5 的圆心位置是由高度尺寸 160 所决定,而且只有一个尺寸即可;有了这个尺寸才能进一步画出 R40 的圆弧,它相当于一个过渡性圆弧;最后用 R5 连接圆弧,并将上面的带圆角图形与下面的内定外构形的图形连接起来。此外,图形中的其他圆弧均为已知圆心位置和半径的圆弧。

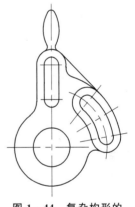

图 1 - 44　复杂构形的
平面图形

从上面的分析可知,要正确画出这类图形并标注尺寸,几何分析是非常重要的。从已知的分析可以看出,图形中的线段(直线或圆弧),按其作用可以分为已知线段、中间线段和连接线段。对圆弧来说,已知圆弧,即圆弧的半径尺寸和两个定位尺寸均为已知;连接圆弧,即圆弧的半径为已知,两个圆心定位尺寸均为未知;中间圆弧,即圆弧半径已知,其中只有一个定位尺寸已知。所以,在图 1 - 45(b)中,R20,R10,R10 和 R5 为连接圆弧,上面 R5 和 R40 为中间圆弧,其他圆弧均为已知圆弧。

画中间圆弧和连接圆弧均须根据已知条件,求出其圆心的位置才能作图,并准确求出圆弧与圆弧或圆弧与直线的连接点(或切点)。这是图形光滑的首要条件。求圆心位置的原理最好的解释是用轨迹的方法,下面通过几个例题加以说明。

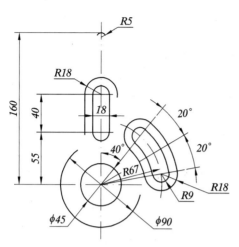

(a) 根据给定尺寸先画出已知直线、圆、圆弧或图形

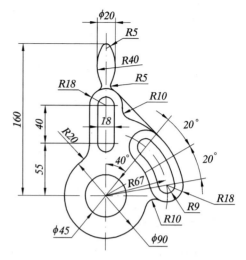

(b) 画出连接圆弧和中间圆弧

图 1-45　按构形分析作图和标注尺寸

例 1-1　求作一圆弧 R 与一已知直线 L 相切,如图 1-46(a)所示。

与一已知直线相切的圆弧可能有无数个,其圆心轨迹在与 L 线平行且距离为 R 的直线上,所以在轨迹线上的任意点均可以作出圆弧与该直线相切。

例 1-2　求作一圆弧 R 与两已知直线均相切。

与两条直线均相切,实际上是求两条圆心轨迹直线的交点,如图 1-46(b)所示。

例 1-3　求作一圆弧 R_1 与已知圆弧 R 相切(外切)。

与一已知圆弧外切的圆弧有

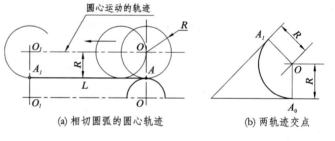

(a) 相切圆弧的圆心轨迹　　(b) 两轨迹交点

图 1-46　圆弧连接的构形分析

无数个,只要在圆弧 R 的外面任意作圆弧与其外切即可;而两个圆心的连接线与圆弧 R 的交点即为两圆弧的切点,如图 1-47(a)所示。从图中可以清楚看出,圆弧 R_1 的圆心轨迹是圆,其半径为 R_2,而 $R_2 = R_1 + R$。

例 1-4　求作一圆弧 R_1 与已知圆弧 R 相内切。

与一已知圆弧 R 内切的圆弧有无数个,只要在已知圆弧内画出许多圆弧与之内切即可,如图 1-47(b)所示。从图中可以看出,圆弧 R_1 的圆心轨迹是圆弧 R_2,且 $R_2 = R - R_1$。同理,两圆心连线与圆弧 R 的交点即为切点,如图中的 A 点。

注意:两圆心 O_1 和 O 均在切点的同一侧。这是区别内切与外切的标志,即内切在同侧,外切在两侧。

例 1-5　求作一圆弧 R 与两已知圆弧 R_1 和 R_2 外切。从轨迹的角度看,这实际上是求两个轨迹圆弧的交点,如图 1-48(a)所示。其作图过程是,以 O_1 点为中心,以 $R + R_1$ 为半径作弧;再以 O_2 为中心以 $R + R_2$ 为半径作弧。这两段圆弧的交点 O 即为所求连接弧 R 的中心,O_1O 连线上的 A_1 和 O_2O 连线上的 A_2 即为切点,$\overset{\frown}{A_1A_2}$ 即为所求连接弧。

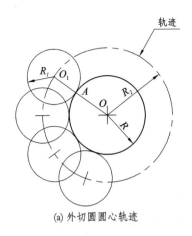 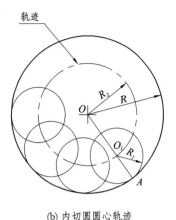

(a) 外切圆圆心轨迹　　　　　(b) 内切圆圆心轨迹

图 1-47　圆弧连接的轨迹分析

例 1-6　求作一圆弧 R 和两已知圆弧 R_1 和 R_2 均内切,如图 1-48(b)所示。

与例 1-5 相似,这也是求两轨迹圆弧的交点,只是分别以 O_1 和 O_2 为中心,以 $R-R_1$ 和 $R-R_2$ 为半径作圆弧,两圆弧交点 O 即为所求。

例 1-7　求作一圆弧 R 与已知圆弧 R_1 外切,与另一圆弧 R_2 内切。

显然,其作图过程是用 $R+R_1$ 和 $R-R_2$ 作圆弧求交点,如图 1-48(c)所示。

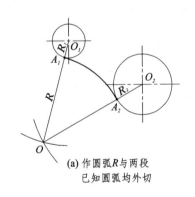

(a) 作圆弧R与两段
已知圆弧均外切

(b) 作圆弧R与两段
已知圆弧均内切

(c) 作圆弧R与两段已知圆弧
之一外切,另一内切

图 1-48　圆弧连接的轨迹分析

例 1-8　如图 1-49 所示,求连接圆弧 R 的圆心位置。

显然,圆心位置在两轨迹的交点,即 R_1+R 的圆弧与直线的平行线相交的交点 O,A_1 和 A_2 是切点,$\overparen{A_1A_2}$ 即为所求的连接弧。

通过上述几个例题可以总结出图 1-45 的画图过程如下:

- 先画出主要中心线,即 $\phi 90$ 的中心线,并布置在合适位置上,再画出图形最高线,即 160 的水平线;
- 画出所有已知线段如图 1-45(a)所示;
- 画出所有连接弧和中间弧;
- 标注尺寸;
- 将底段中的细线描深;
- 将图形轮廓线描深,如图 1-45(b)所示。

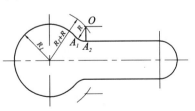

图 1-49　求连接圆弧的圆心位置

第 2 章   组合体的构形与表达

多个基本几何体的组合(如轴向堆垒、偏置、相交及切割等),就构成组合体。如果组合体比较简单、抽象,可以看成是简单组合体;如果组合体比较复杂,更接近于实际零件,有时称它为机件体,说明它已类似于零件了。所以,学习组合体的投影和尺寸标注,可以看成是由简单的几何体到复杂的零件的一个很重要的过渡,顺利完成这一过渡对以后的学习是非常重要的。

2.1   组合体的构形

与平面图形相同,为了作出组合体的投影和标注尺寸,必须对组合体进行充分的构形分析。对组合体的构形分析通常着重于讨论它的几何构形,一般情况下组合体可看成是:

- 组合体可分解成多个基本几何体,如图 2-1
  所示。
- 复杂组合体可看成是由几串不同方向的几何
  体组成的,如图 2-2 所示。
- 多数情况下组合体是对称的。
- 组合体可以是切割的,如图 2-3 所示。
- 对一些空心的组合体,应该把内部形状和外部
  形状分成两部分来考虑,如图 2-4 所示。当
  然,内部形状与外部形状存在着必然的联系。

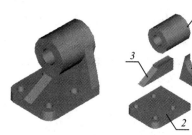

图 2-1   堆垒型组合体

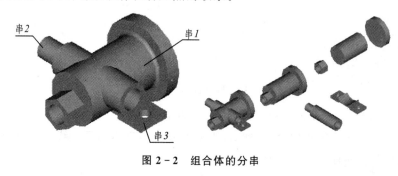

图 2-2   组合体的分串

(a) 空心圆柱体   (b) 切　割   (c) 开　槽

图 2-3   开槽切割型组合体

组合体的构形分析是很重要的,因为下面的组合体的投影作图和尺寸标注基本上是按构形分析来进行的。

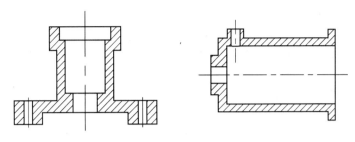

图 2-4 空心组合体

2.2 组合体的投影作图

在绘制组合体三视图时,首要的问题是要求三视图应有严格的投影对应,为此在绘制三视图时,三个视图应同时进行,而不是画完一个视图再画另外一个视图,至少应同时画出两个视图,然后再利用二求三,即由两个投影求第三个投影。总之,一定要保证严格的投影对应。下面举四个例题,详细说明按照构形分析绘制组合体投影的方法和过程。

例 2-1 绘制图 2-5(a)所示组合体的三面视图。

解 这是一个简单堆垒的组合体,如前所述,可以根据构形分析,逐个把形体画出,如图 2-5(b)和(c)所示。

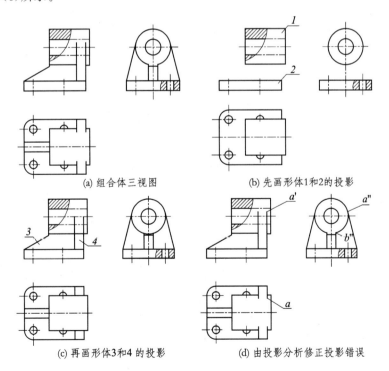

(a) 组合体三视图　　　　　　(b) 先画形体1和2的投影

(c) 再画形体3和4的投影　　　　(d) 由投影分析修正投影错误

图 2-5 简单组合体的投影作图(一)

根据线面分析,修正图上的错误,如图 2-5(d)所示。主视图上,形体 4 应画至切点为止,由侧视图上的 a'' 投影求得;又如形体 3 与圆柱 1 应该有交线,由侧视图上的 b'' 求得。当然,此时圆柱的外形线应擦去。

同理,俯视图上形体 4 应画至切点 a 为止且擦去外形线。

图 2-5(d)是正确的组合体三视图的投影。

例 2-2 求图 2-6 中的组合体的投影作图过程。

解 先画串 1,此时先画出内部,然后根据内定外原则画出外部,再画出串 2 和串 3 的投影。

根据线面分析,画出两形体(圆柱与圆柱偏贯)交线的投影,由侧视图上的特殊点 a'' 和 b'' 求得,画出相贯线,擦去外形线,如图 2-6(d)所示。

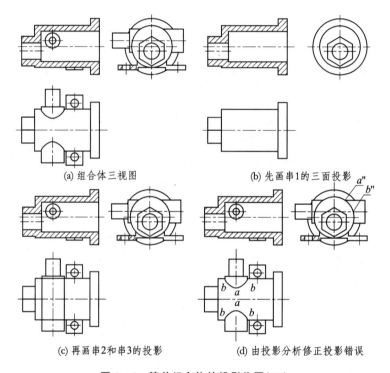

(a) 组合体三视图   (b) 先画串1的三面投影

(c) 再画串2和串3的投影   (d) 由投影分析修正投影错误

图 2-6 简单组合体的投影作图(二)

例 2-3 已知复杂组合体的三视图,如图 2-7 所示。求作主视图的外形图,即图中的 A 向视图。

解 为了求作 A 向视图,必须先读懂三视图。在读图过程中,仍然要按构形分析方法,想像出组合体中各形体的形状及相互位置关系,如形体是对称还是偏贯等。在读图时,一定要注意严格的投影对应,因为只有严格的投影对应才能分清各个基本形体,也才能想像出形体的形状。

由严格投影对应知道,该组合体由三串形体组成如图 2-7 所示。

串 1:水平放置的空心圆柱,右边有两个凸起部分,一为竖放,一为横放,从侧视图和俯视图的投影对应可看清它们的形状。

串 2:与串 1 偏置且轴线垂直的形体 2。

串 3:在串 1 左端,前后各突出的形体。

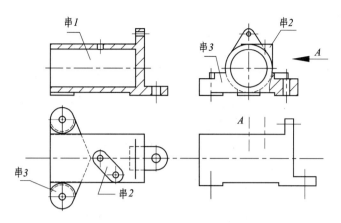

图 2-7　复杂组合体的构形分析

根据构形分析先将主视图各形体外形轮廓画出来,如图 2-8 所示。

再根据线面分析,准确地画出各形体表面的交线。其作图步骤如下:

① 画串 1 右凸块的投影。由于平面与圆柱相切,所以主视图上,上面的凸块应画至切点 a'' 为止,并擦去圆柱外形线。同理,下面的凸块应根据 b'' 画出交线如图 2-9 所示。

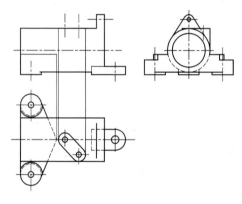

图 2-8　构形分析与投影图

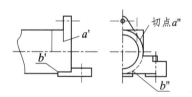

图 2-9　局部构形投影图

② 画出串 2 的主视图。它是两半圆柱加上两平面连接成的形体。从俯视图上线面分析可以看出,在主视图上从 a 到 b 为两圆柱相贯线,从 b 到 c 为平面与圆柱交线,其交线为椭圆,从 c 到 e 为两圆柱相贯线,其中 d 点为最低点,由侧投影可以求 a'',b'',c'',d'',e'',由 a,b,c,d,e 和 a'',b'',c'',d'',e'' 可以求出串 2 的主视图投影如图 2-10 所示。

③ 画出串 3 的主视图如图 2-11 所示。

从俯视图上可看出,从 a 到 d 是个铅垂面,其中从 a 到 b 是平面与圆柱的交线,这条交线在 V 投影是部分椭圆。然后画出 d',说明 d' 右边是平面,d' 左边是柱面,最后画一凹坑到 c'。

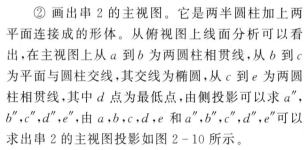

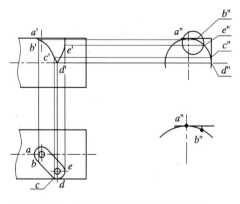

图 2-10　局部构形的投影作图(一)

最后画出完整的主视图如图 2-12 所示。

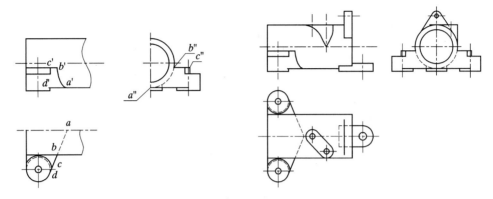

图 2-11 局部构形的投影作图(二)　　　图 2-12 正确的构形与投影

作 A-A 斜断面图。在画完零件图后,有时为表示零件某局部形状的真形,常需要画出斜视图或斜断面图。所以必须学会复杂组合体的斜视图或斜断面图的画法。

画斜断面图的原理即换面法。其方法是,先将剖切面与每个形体的交线图形画出来,然后再把各图形连在一起,擦去不必要的轮廓线,就成为总的斜断面图;在画剖切面与形体交线时,应先在剖切线上确定出几个剖切面与形体的交点,利用其他视图求出这些点的其他投影,然后才能作出斜断面图的真形。

具体作图步骤如下:

① 确定斜剖面与串 1 各形体的交点 1~8(见图 2-13)。

② 在适当的位置上任画一条与剖切线平行的直线,并将 1~8 点移至该直线上。

③ 利用 1 和 2 两点画出梯形如图 2-13 所示,再利用 9 和 10 两点画出内部椭圆。

④ 利用 3,4,5,6,7 画出内外两个椭圆,如图 2-13 所示。

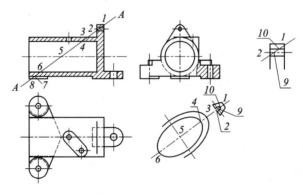

图 2-13 斜断面作图(一)

⑤ 利用 21,22,23 画出两椭圆,如图 2-14 所示。

⑥ 擦去椭圆多余的线,如图 2-14 所示,这里作了一些简化。

⑦ 为了画出斜切面与串 3 的交线,选取 31,32,33 并以 31 为中心画出两椭圆,如图 2-15 所示。

⑧ 为了画出斜切面与平面(斜面)的交线,在平面上任取一点 34,求取它的水平投影,并画

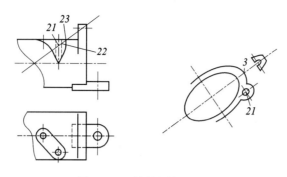

图 2-14　斜断面作图(二)

出它的斜断面投影,然后过它画出与椭圆的切线,并延长与大椭圆相交,如图 2-15 所示。

⑨ 此外,斜切面还应与底面相交,过图 2-13 中的点 7 画与轴垂直的线与两个椭圆相交。

⑩ 最后取点 36 画与轴线垂直的线,切去椭圆多余的部分,得到斜断面与串 3 部分的形状如图 2-15 所示。

⑪ 整个斜断面的真形如图 2-16 所示。在断面图上写出其图名 $A-A$。

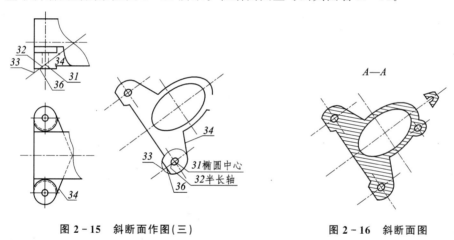

图 2-15　斜断面作图(三)　　　　　　　图 2-16　斜断面图

例 2-4　已知复杂组合体三视图如图 2-17 所示,求作侧视图外形图,如图中箭头 A 的方向,即画出 A 向视图。

解　从图中可看出该组合体由三串形体组成,即串 1～串 3。

串 1:轴线为铅垂线的空心圆柱,下部为被切割后的形状,类似于图 2-3 的形状,由俯视图中的局部仰视可以看出切割后还有凸出的圆柱部分,且又切去一个凹坑,如图 2-18 所示。

串 2:轴线为正垂线的两个圆柱的形体。

串 3:轴线为水平线,斜圆柱部分形体。

因此在左视图的位置上先画出一个铅垂的轴线,然后按下列步骤作图,如图 2-19 所示。

① 画出串 1 的侧投影,不画虚线,如图 2-19(a)所示。

② 画出串 2 的侧投影,如图 2-19(b)所示。

③ 画出串 3 的侧投影,如图 2-19(c)所示。

④ 根据线面分析求出串 2 与串 1 各面的交线(见图 2-20),其上部是 0,1,2,3 各点的投影对应简图,其下部是 4,5,6,7,8,9 各点的对应简图。

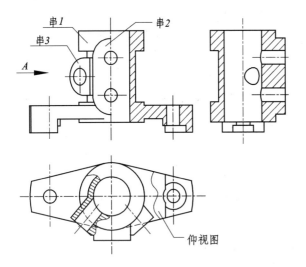

图 2-17　复杂组合体构形分析

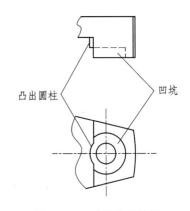

图 2-18　局部构形分析

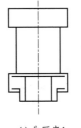

(a) 先画串1

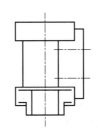

(b) 加上串2

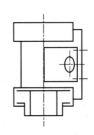

(c) 再加上串3

图 2-19　局部构形

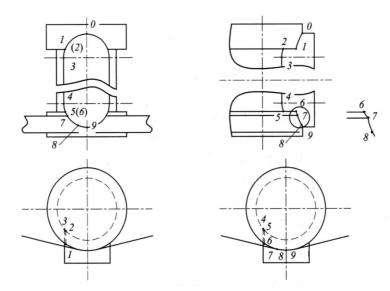

图 2-20　局部构形分析与投影作图

⑤ 画出斜圆柱部分串 3 与串 1 的交线,通过图 2 - 21 可以简单看出点 11 和 12 的右边为平面,左边为斜圆柱面,故点 11 是相贯线起点,点 13 是相贯线的终点,点 12 至 14 为椭圆。如果还要求出中间的任意点以便画出相贯线,可以通过辅助作图,如图 2 - 21 中的点 16。最后绘制的复杂组合体视图如图 2 - 22 所示。

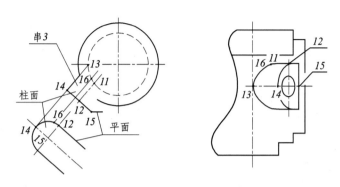

图 2 - 21　局部构形与投影作图

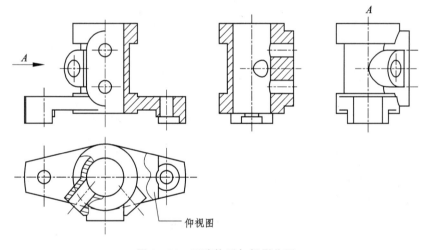

图 2 - 22　正确构形与投影作图

2.3　组合体的尺寸标注

在标注组合体尺寸时,首先应作形体分析,将组合体分解成几个简单的基本几何体,然后逐个标注出这几个简单几何体的大小尺寸(或称定形尺寸)与它们之间的相对位置尺寸(或称为定位尺寸)。

2.3.1　几何体的尺寸

1. 基本几何体的尺寸标注

立体是三维的,它必须沿三个方向来度量,即长、宽和高。因此对柱体,通常应标注平面图形尺寸再加高度尺寸。如图 2 - 23 中的四棱柱,在俯视图上标注 30 和 24,在主视图上标注高度尺寸 30,六棱柱通常标注六边形宽度,如图中的 24 就够了,六边形的长度已确定,无须再标尺寸,有时可标注作为参考尺寸,但要加括号如图中的 27.7。对棱锥台应标注上顶和下底的尺寸,再加高度尺寸,如图中的 18 和 13、40 和 24 以及高度 30 等。图 2 - 24 是一个复合的柱体,标注平面图形尺寸,再加上高度 13。

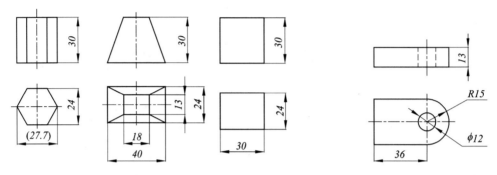

图 2 - 23 简单几何体的尺寸   图 2 - 24 复合几何体的尺寸

对于圆柱体和圆锥体只要标注直径和高度即可,通常习惯于将直径和高度标注在一个视图上,如图 2 - 25(a)中的 $\phi24$ 和 30,图(b)中的 $\phi25$,$\phi38$ 和 30。对圆环的尺寸,标注 $\phi12$ 和它的回转直径 $\phi38$ 即可,如图(c)所示。对于球体尺寸,一般要求标注球体直径 ϕ 或半径 R,但应在 ϕ 或 R 前加上 S,如图(d)所示。

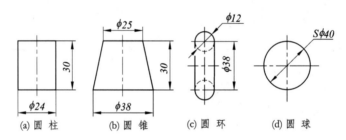

(a)圆 柱   (b)圆 锥   (c)圆 环   (d)圆 球

图 2 - 25 基本回转体的尺寸

2. 不完整几何体的尺寸

几何体被切割后就成了不完整的几何体,零件上的开槽、钻孔可视为不完整几何体,见图 2 - 26 和图 2 - 27。在标注不完整几何体的尺寸时,首先标注出完整几何体尺寸,然后再按切割的顺序标注出切去部分(开槽)或余下部分(将边角切去)的尺寸。注意,不要标注交线的尺寸,因为它是多余尺寸无须标注。

图 2 - 26(a)是个四棱柱开槽不完整几何体的尺寸标注,显然应先标注 21,21 和 35,再标注槽宽 15 和槽深 16 两尺寸。图 2 - 26(b)是一个柱体前后被切平,中间再开槽的形体。显然,应先标注完整几何体尺寸 $\phi80$ 和高度 24,再标注前后被切平后剩下的宽度 46,最后再标注槽宽 25 和深度 12。

注意:不要标注切平后和开槽后的交线尺寸,如图 2 - 26 中的尺寸 J;对于球体上的缺口,应标注剖切平后通过球心的对称平面的位置尺寸,如图 2 - 27(a)所示,而不要标注剖切后交线尺寸 ϕ 和 R,如图 2 - 27(b)所示。

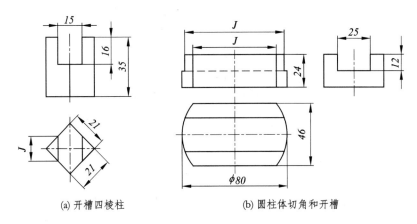

(a) 开槽四棱柱　　　　　　　　　(b) 圆柱体切角和开槽

图 2 - 26　不完整几何体的尺寸

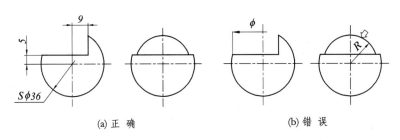

(a) 正　确　　　　　　　　　　(b) 错　误

图 2 - 27　不完整球的尺寸

2.3.2　组合体的尺寸

多个几何体的组合(诸如堆垒、相交和切割)就成为组合体,因此标注组合体的尺寸关键在于:

① 仔细分析组合体由多少个几何体组成,然后一个不漏地标注每个几何体的定形尺寸和定位尺寸。

② 在标注定位尺寸时,应选择合适的基准。通常形体的对称平面、底面、端面和轴线等均可作为基准。

③ 应该严密和有序地标注尺寸。这是防止大量遗漏和重复尺寸的关键。

下面通过两个例题说明组合体的尺寸标注。

例 2 - 5　求图 2 - 21 所示组合体尺寸。

解　一般情况下,应该从投影图上想像出组合体由哪几个几何体组成,然后标注尺寸。图 2 - 1 给出了组合体的轴测图和它的分解图。从图中可看到,组合体由上面的空心圆柱体 Ⅰ、底板 Ⅱ、支板 Ⅲ 和支板 Ⅳ 组成。

因此,标注尺寸的步骤如下:

首先标注定位尺寸,如图 2 - 28(a)所示。因为整个组合体前后是对称的,所以前后方向不要定位,定位尺寸 5 即横向定位尺寸,以底板右端为基准,确定圆柱右端的位置,定位尺寸 53 即以底板底面为基准,确定圆柱的高度。标注圆柱的定形尺寸 $\phi20,\phi45$ 和长度 52,如图 2 - 28(b)所示。

标注底板的定形尺寸,即底板平面图形尺寸加上高度尺寸12,在标注平面图形尺寸时,先标注 4×ϕ10,再标注各圆心定位尺寸 40 和 28,表示以底板右端面为基准确定各孔的横向位置,再标注 44,确定各孔前后位置的尺寸如图 2-28(b)所示。

注意:44 表示以对称平面为基准,前后各为 22,在要求不甚严格的情况下,通常不要标注两个 22 的尺寸,而只标注尺寸 44 就可以理解为前后是对称的。最后还应该标注定形尺寸 R12,68 和 80。支板Ⅳ上部与圆柱相接,下部与底板同宽,因此只要标注厚度 12 即可;支板Ⅲ与圆柱、底板和支板Ⅳ相邻接,因此只要标注厚度 12 和尺寸 30 即可,如图 2-28(c)所示。结果如图 2-28(d)所示。

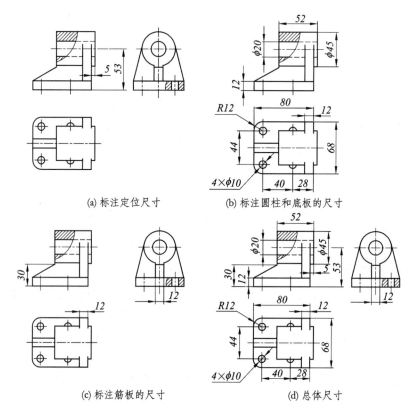

(a) 标注定位尺寸   (b) 标注圆柱和底板的尺寸

(c) 标注筋板的尺寸   (d) 总体尺寸

图 2-28   按构形分析标注尺寸

例 2-6   求如图 2-2 所示的组合体的尺寸。

解   这是个稍复杂的组合体,从图上可以看出它由三部分组成。其中,串Ⅰ部分的几何体,即两个同轴的圆柱体和一个偏心的六棱柱体,内部为圆柱孔;串Ⅱ部分是两个空心圆柱体;串Ⅲ部分是由另一串几何体切割而成。因此在标注这个组合体尺寸时,由于三个方向均不对称,所以要有三个方向的定位尺寸。在标注定位尺寸时,应适当选用基准,由于定位尺寸特别容易遗漏,所以这里特别强调先标注定位尺寸。实际上,由于尺寸的安排,习惯上还是可以先标注定形尺寸,然后再标注定位尺寸。

标注图 2-2 组合体尺寸的步骤如下:先标注串Ⅰ、串Ⅱ、串Ⅲ的定位尺寸,如图 2-29 所示。在标注横向(即 X 方向)定位尺寸时,以串Ⅰ右端面为基准,标注串Ⅱ的定位尺寸 40 和串Ⅲ的定位尺寸 25;在标注前后方向(即 Y 方向)定位尺寸时,以串Ⅰ和串Ⅲ的对称平面为基准,标注串Ⅱ的定位尺寸 28;在标注高度方向(即 Z 方向)的定位尺寸时,以串Ⅲ底板的底面为基准,标注串Ⅰ的定位尺寸 20,再以串Ⅰ的中心平面为基准,标注串Ⅱ的高度方向定位尺寸 5。当然,如果以串Ⅲ底板的底面为基准标注串Ⅱ的定位尺寸 25,也是完全正确的。

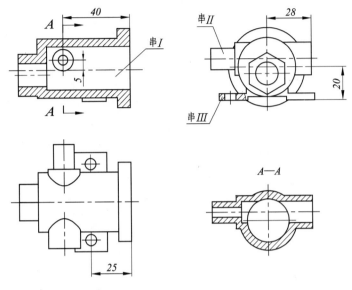

图 2-29　标注组合体的定位尺寸

标注串Ⅰ的定形尺寸如图 2-30 所示,由于尺寸安排关系,一般应先标注内部尺寸,再标注外部尺寸,所以标注的顺序应该是,先标 $\phi 26$,深度 52,再标 $\phi 36$,$\phi 48$ 及外形尺寸 8 和 50,再标注 $\phi 14$、六角形定形尺寸 22 和定位尺寸 4(在侧视图上),最后标注串Ⅰ的总长尺寸 70。此外,还要标注六角形的参考尺寸 25,并加上括号。

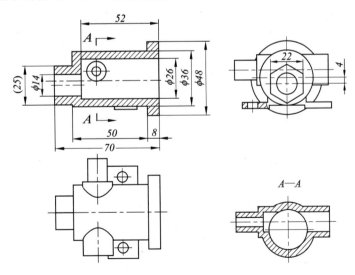

图 2-30　标注串Ⅰ的尺寸

标注串Ⅱ和串Ⅲ的尺寸如图 2-31 所示。串Ⅱ的尺寸标注在 $A-A$ 剖视图上,标注的顺序仍然是先内后外,即先标注 $\phi 13$、深度 48,再标 $\phi 20$ 和长 52,再标注 $\phi 6$ 和 $\phi 13$ 及总长 67。

串Ⅲ的尺寸标注在侧视图和俯视图上,根据尺寸安排应由里向外排列,所以应先标注槽宽24和深2,再标注26,再标注底板上两孔的定形尺寸即2×φ7和两孔的定位尺寸46,最后标注整个底板的定形尺寸长60、宽20(在俯视图上)和高4。最后整个组合体的尺寸如图2-32所示。

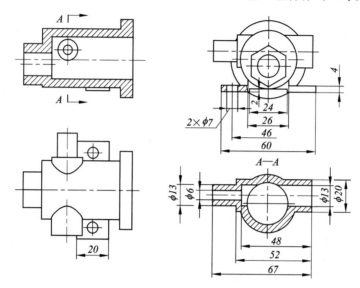

图2-31 标注串Ⅱ和串Ⅲ的尺寸

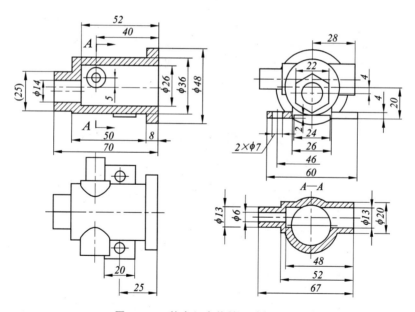

图2-32 整个组合体的尺寸标注图

2.3.3 尺寸标注的安排

完成了尺寸标注完整的要求,为了便于看图,使图面清晰,还应将某些尺寸的安排进行适当的调整。安排尺寸时应考虑以下几点:

① 尺寸应尽量标在表示形体最明显的视图上。

② 同一形体的尺寸应尽量集中标注在一个视图上。

③ 尺寸应尽量标注在视图的外部,以保持图形清晰。为避免尺寸标注凌乱,同一方向连续的几个尺寸尽量放在一条线上,使尺寸标注显得较为整齐。

④ 同轴回转体的直径尺寸尽量标注在反映轴线的视图上。

⑤ 尺寸应尽量避免标注在虚线上。

⑥ 尺寸线与尺寸界线,尺寸线、尺寸界线与轮廓线应尽量避免相交。

⑦ 在标注尺寸时,有时会出现不能兼顾以上各点的情况,必须在保证尺寸完整、清晰的前提下,根据具体情况,统筹安排,合理布置。

第3章 机件常用的表示方法

机件的形状千差万别,对于结构形状简单的机件,用前面介绍的三个视图即可将其表达清楚,但是对那些内外形结构复杂的机件体,仅仅通过三个视图是不足以将其完全、清晰地表示出来的。因此,技术制图国家标准(GB/T 17451—1998)规定了视图的基本表示法。学习这些方法并灵活运用它们,才能完全、清晰、简便地表示机件的形状结构。

3.1 视 图

视图主要用于表达机件的外部形状和结构,一般只画出机件的可见部分,必要时才用虚线表示其不可见部分。视图的种类通常分为基本视图、向视图、局部视图和斜视图四种。

3.1.1 基本视图

在原有的三个投影面的基础上,再增加三个互相垂直的投影面,形成一个正六面体的六个侧面。这六个侧面称为基本投影面。将机件放于正六面体当中,并向这六个基本投影面进行投影,得到六个基本视图,如图3-1所示。其中,除前面学过的主视图、侧视图和俯视图外,还有由右向左投射所得的右视图,从下向上投射所得到的仰视图和由后向前投射所得的后视图。

各个视图的展开方法如图3-2所示,在同一张图样上,当六个基本视图的配置如图3-3所示时,一律不标注各视图名称。因此,一旦机件的主视图确定之后,其他基本视图与主视图的配置关系也随之确定,且各视图之间仍满足"三等"关系,即"长对正,高平齐,宽相等"的投影规律。

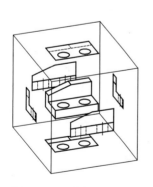

图3-1 六个基本投影面

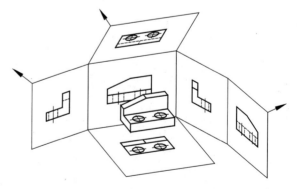

图3-2 六个基本投影面展开

基本视图选用的数量与机件的复杂程度和结构形式有关,并不是每个图样都需要六个基本视图。基本视图选用的次序,一般是先选用主视图,其次是俯视图或左右视图。

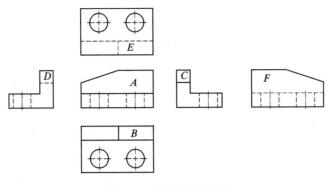

图 3-3　六个基本视图

3.1.2　向视图

向视图是基本视图的一种表达形式。其位置可不受主视图的限制而随意确定。为便于读图,应在向视图的上方用大写英文字母如 A 标注该向视图的名称,意即此为 A 向视图,同时还应在相应视图的附近用箭头指明投射方向,并标注同样字母,如图 3-4 所示。采用向视图的最大优点是可不用严格地按照投影位置排列,因此可节省图幅。显然,图 3-4 比图 3-3 的图幅要小得多。但应注意,图 3-4 是三个基本视图(自成一组,严格按投影对应位置绘制),再加上三个向视图,不能用六个都是向视图,这会给看图带来困难。

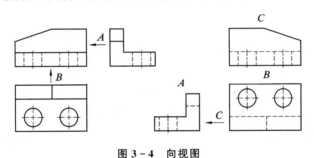

图 3-4　向视图

3.1.3　局部视图

局部视图是将机件的某一部分向基本投影面投射所得的图形。在实际的设计绘图中,如果机件的主要形状已在基本视图上表达清楚,而在某一方向还有部分形状未表达出来,此时无须再画出整个视图,只画出该部分形状的局部视图即可。例如图 3-5 所示的机件,其主视图和俯视图已将主体形状表示清楚,但是左右两个凸缘的形状尚未完全表达清楚,为使视图配置简便易读,在图中采用 A 和 B 两个局部视图,从而将左右两个凸缘的形状完全表达清楚。

画局部视图时应注意以下几点:

① 局部视图可按严格的投影对应关系来画,如图 3-5(a)中的视图 A 和 B;也可按向视图的配置形式配置,即不按直接投影对应关系来画,如图 3-5(a)中的 C 向视图所示。

② 局部视图的断裂边界通常以波浪线(或双折线、中断线)表示,如图 3-5(a)中的视图 A 和 B;但当表示的局部结构是完整的,且外形轮廓又为封闭时,则波浪线可省略不画,如图 3-5(a)中的 C 向视图。

③ 波浪线不应超出实体的投影范围,如图 3 - 5(b)所示。

④ 必须用带字母的箭头指明投影方向,并在局部视图的上方注明视图的名称,如 B 和 A。

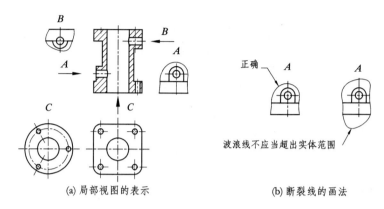

(a) 局部视图的表示　　　　　(b) 断裂线的画法

图 3 - 5　局部视图

3.1.4　斜视图

当机件的表面相对基本投影面成倾斜位置时,如图 3 - 6(a)所示,基本视图就不能表示其真实形状。这时,可假设一个新的辅助投影面,使它与零件上的倾斜部分平行(且垂直于一个基本投影面),则倾斜部分在辅助投影面上的投影反映该倾斜部分的真实形状。这个图形被称为斜视图。

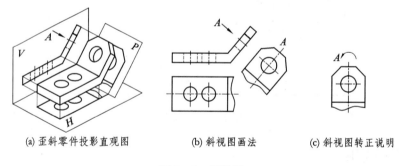

(a) 歪斜零件投影直观图　　　(b) 斜视图画法　　　(c) 斜视图转正说明

图 3 - 6　斜视图

画斜视图时要注意以下几点:

① 斜视图必须用带字母的箭头指明投影方向,并在斜视图的上方注明视图的名称,如 A。

② 斜视图是为了表达机件倾斜部分的真实形状,而机件的非倾斜部分在斜视图上并不反映其真形,因此可略去不画,但要用断裂线作为边界。

③ 斜视图最好如图 3 - 6(b)所示,配置在箭头所指的方向上,并保持投影对应关系。必要时也允许将斜视图旋转配置,如图 3 - 6(c)所示,表示该视图名称的大写英文字母应靠近旋转符号的箭头端。此时,应用带箭头的旋转符号表示该视图的旋转方向,也可将旋转符号及角度标注在字母之后。

3.2　剖视图和断面图

当机件的内部结构较复杂时,视图上会出现很多的虚线,有的甚至与外形轮廓线重合,从而给看图及标注尺寸都带来较大困难。因此,技术制图国家标准(GB/T 17452—1998)中规定了剖视图和断面图的基本表示法。

3.2.1　剖视图

剖视图是用假想的剖切面剖开机件如图 3-7 所示,将处于观察者与剖切面之间的部分移去如图 3-8 所示,而将其余部分向投影面投射所得的图形如图 3-9 所示,简称剖视。剖切面可以是单一平面、几个平行平面或几个相交平面。

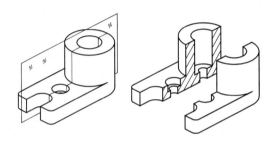

图 3-7　假想剖开机件

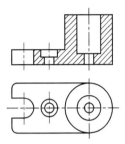

图 3-8　剖视图

1. 画剖视图应注意的问题

画剖视图应注意如下的问题:

- 剖切面一般应通过机件的对称面或轴线,并平行或垂直于某个投影面。
- 剖视只是用假想的剖切面剖开机件,因此,除剖视图外,其他的视图还应完整画出,如图 3-8 中的俯视图。
- 画图时要想像清楚剖切后的情况,并注意剖切面后面部分的投影线不要漏掉,如图 3-9 和 3-10 所示。
- 要在切断面上画剖面符号并进行剖视标注。在相应的视图上说明该剖视图的剖切位置,并标注剖切符号(后面介绍)。

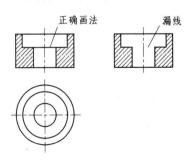

图 3-9　轴套剖视图

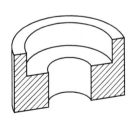

图 3-10　剖视图

2. 剖面符号

剖视图中,剖面区域一般应画出剖面符号。通常机件材料不同,剖面符号也不相同,但在不需要剖面中表示材料的类别时,可采用剖面线表示,一般剖面线用适当角度的细实线绘制,最好与主要轮廓线的对称线成45°,如图3-10所示。

3. 剖视图的标注

在剖视图上,为便于看图,应将剖切位置、投影方向及剖视的名称在相应的视图上进行标注。标注内容如下:

① 剖切符号 表示剖切平面的位置及投影方向,用箭头或粗实线表示。它不能与图形的轮廓线相交,其间应留有少量间隙。

② 剖视名称 用相同的大写英文字母,写在箭头的外侧,并在相应的剖视图上方标明剖视图名称×-×,如图3-11中的视图 $A-A$。若在同一张图上同时有多个剖视图,应分别使用不同的大写英文字母表示,以便于看图。

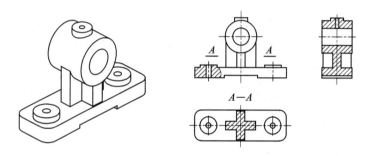

图 3-11 剖视图的标注

下列情况下,剖视图可省略标注或少标注:

① 当剖视图按投影关系配置,中间又无其他图形隔开时,可以省略箭头,如图3-11中的视图 $A-A$。

② 当单一剖切面通过机件的对称面或基本对称面,同时又满足情况①的条件时,由于剖切位置及投射方向都非常明确,故可省略全部标注,如图3-11中的左视图。

4. 剖视图的种类

剖视可分为全剖视图、半剖视图和局部剖视图三种。

(1) 全剖视图

全剖视图是用剖切平面完全剖开机件所得的视图,主要用于表达内部形状复杂的不对称机件或外形简单的对称机件。剖切面可以是单一平面、几个平行平面或几个相交平面。

1) 单一剖切平面的全剖视图

单一剖切平面的全剖视图如图3-12所示(此剖视图可以不作任何标注)。

2) 几个平行平面的全剖视图

当机件上的孔及槽等结构要素较多,而且它们的轴线又不共面时,为表达它们的内部形状,可采用几个平行平面剖切机件,如图3-13所示的 $A-A$ 剖视图。

画图时应注意以下几个问题:

① 不应画出剖切平面转折处的分界线,如图3-13所示。

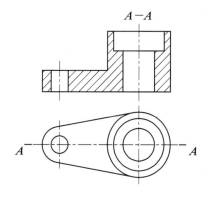

图 3 - 12　单一剖切平面的全剖视图

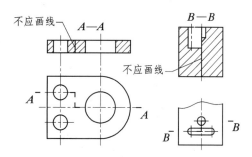

图 3 - 13　几个平行平面的全剖视图(一)

② 要正确选择剖切平面的位置,在图形内不应出现不完整的要素。只有当两个要素有公共对称中心线或轴线时,可以此为界各画一半,如图 3 - 13 所示。

③ 几个平行平面的全剖视图的剖切位置必须标注,如图 3 - 13 和 13 - 14(b)所示。表示剖切平面的转折处不应与轮廓线或虚线重合,如果位置有限,在不会引起误解的情况下,其转换处可不标注字母,如图 3 - 13 所示。

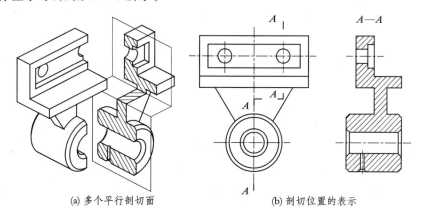

(a) 多个平行剖切面　　　　　　　　(b) 剖切位置的表示

图 3 - 14　几个平行平面的全剖视图(二)

3) 几个相交平面的全剖视图

几个相交平面的全剖视图,各剖切平面的交线必须垂直于某一基本投影面。一般用来表达回转体机件的内部结构,剖切平面的交线应与机件的轴线重合,如图 3 - 15 所示。

画图时应注意以下几点:

① 几个相交平面的全剖视图必须标注,如图 3 - 15 所示。剖切符号的起、止转折处应用相同的字母标注,当转折处地方有限又不致引起误解时,允许省略字母。

② 采用几个相交的剖切平面的方法绘制全剖视图时,应将被剖切平面剖开的结构及有关部分旋转到与选定的基本投影面平行,再进行投射。

③ 在剖切平面后的其他结构一般仍按原来的位置投影,如图 3 - 15 中的小槽,在剖视图中仍按原位置画出。

(2) 半剖视图

半剖视图是将机件向与其对称平面垂直的基本投影面进行投射,一半画剖视,一半画视图,如图 3 - 16 所示。一般用来表达内外形都较复杂的对称机件,当机件的形状接近于对称,且不对称部分已另有图形表达清楚时,也可以采用半剖视图,如图 3 - 17 所示。

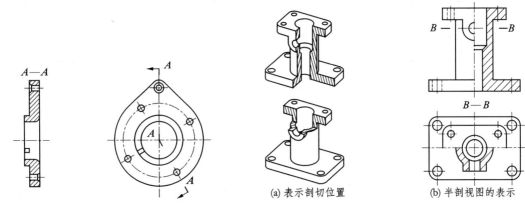

图 3 - 15　几个相交平面的全剖视图

(a) 表示剖切位置　(b) 半剖视图的表示

图 3 - 16　半剖视图(一)

半剖视图中剖视部分的位置通常可按以下原则配置:

● 主视图中位于对称线右侧;

● 左视图中位于对称线右侧;

● 俯视图中位于对称线下方,如图 3 - 16(b)所示。

半剖视图的标注与全剖视图一样,当剖切平面与机件的对称平面重合,且按投影关系配置时,可省略标注,如图 3 - 16(b)中的主视图;当剖切平面没有通过机件的对称平面,而剖视图是按投影关系配置时,可省略箭头,如图 3 - 16(b)中的俯视图。

画半剖视图应注意的问题:

① 半剖视图中半个视图和半个剖视的分界线是对称中心线,不能画成粗实线,如图 3 - 18 所示。

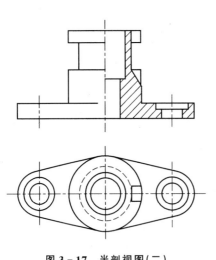

图 3 - 17　半剖视图(二)

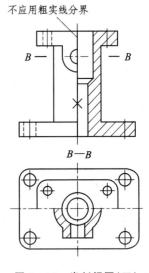

图 3 - 18　半剖视图(三)

② 在半个视图中不应画出表示内部形状的虚线,如图 3 - 19 所示。

(3) 局部剖视图

用剖切平面局部的方法剖开机件所得的视图,称为局部剖视图。在局部剖视图中,应用波浪线将剖视和视图隔开,以表示剖切的范围,如图 3 - 20 所示。

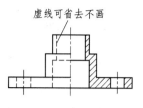

图 3 - 19　半剖视图(四)

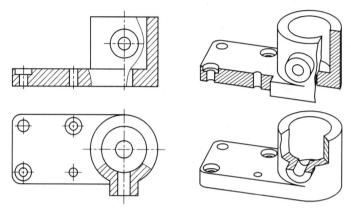

图 3 - 20　局部剖视图(一)

局部剖视图是一种比较灵活的表示方法,适用范围较广。它主要用于表达机件的局部内部形状,或不宜采用全剖视图和半剖视图的地方,例如轴、连杆及螺钉等实心件上的孔或槽。在一个视图中,选用局部剖的次数不宜过多,以免图形支离破碎,影响图的清晰。

画局部剖视图应注意的问题:

① 表示断裂处的波浪线不应与图样上的其他图线重合,如图 3 - 21 所示。

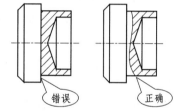

图 3 - 21　局部剖视图(二)

② 波浪线在遇到槽、孔等空腔时不应穿空而过,也不能超过视图的轮廓线,如图 3 - 22 所示。

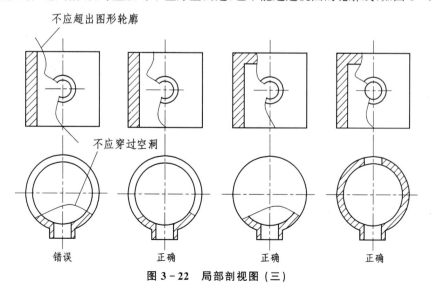

图 3 - 22　局部剖视图(三)

3.2.2 断面图

1. 断面图的基本概念

假想用剖切面将机件的某处切断,仅画出剖切面切到的部分,称为断面图,如图3-23(a)所示。画断面图时,应注意剖视图与断面图的区别:断面图仅须画出机件被切断处的断面形;而剖视图除了画出断面形状外,还应画出沿投射方向的其他可见轮廓线,如图3-23(b)所示中,上面的 $B—B$ 为剖视图,下面的 $B—B$ 则为断面图。

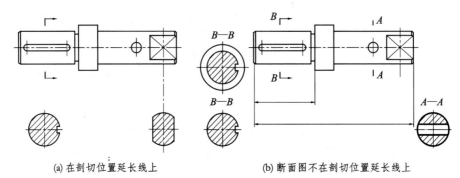

| (a) 在剖切位置延长线上 | (b) 断面图不在剖切位置延长线上 |

图 3-23 断面图(一)

2. 断面图的种类

根据断面图在图样上所配置的位置不同,断面图可分为两种。

(1) 移出断面

画在视图之外的断面图,称为移出断面。移出断面图的轮廓线用粗实线绘制,通常按以下原则配置:

① 移出断面图可配置在剖切符号的延长线上,如图3-23(a)中右端的移出断面图,此时可不加任何说明。但当断面图形不对称时,应用短粗线和箭头表示剖切位置和投影方向,如图3-23(a)中左边的断面图。注意,短粗线不允许与轴的轮廓线相交。

② 由于标注尺寸等原因,断面图可配置在任何位置,但必须标注剖切位置及剖切符号如图3-23(b)中的 $A—A$ 和 $B—B$ 所示。

③ 断面图图形对称时,移出断面图可配置在视图的中断处,如图3-24所示。

④ 由两个或两个以上的相交剖切平面剖切所得的移出断面图,可将两个断面图画在一起,但中间应断开如图3-25所示。

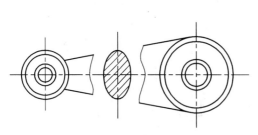

图 3-24 断面图 (二)

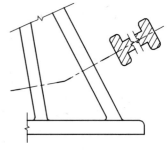

图 3-25 断面图(三)

图 3－23 中的 *A—A* 断面图,圆柱中间钻一圆柱孔,画图时理应是上、下两个月牙形,但为了使图形完整,国家标准中规定,当剖切平面通过回转而形成孔或凹坑的轴线时,这些结构按剖视图要求绘制。

（2）重合断面

重合断面画在视图之内,其轮廓线用细实线绘制,如图 3－26 所示。当视图中轮廓线与重合断面图的图形重合时,视图的轮廓线仍应连续画出,不可间断,如图 3－26(b)所示。

对称的重合断面,可省略全部标注,如图 3－26(a)所示;不对称的重合断面,可省略标注字母,如图 3－26(b)所示。

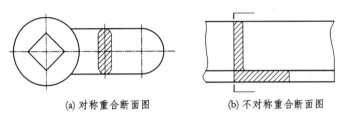

(a) 对称重合断面图　　　　　(b) 不对称重合断面图

图 3－26　重合断面

第 4 章　零件的构形与表达方法

4.1　零件图的要求

设计师在设计好整个部件后,画出部件装配图,再从装配图上考虑零件之间的装配关系,设计出零件并画出零件图。零件图是零件加工的依据,因此,零件图必须包括下述四方面内容:

- 一组视图;
- 制造零件所需要的全部尺寸;
- 技术要求;
- 标题栏。

对这四方面内容均应提出严格要求。因为在实际生产中,任何错误都是不允许的。如果造成废品,会给国家带来经济损失。特别是时间的损失是无法弥补的,因此要求在画零件图时严肃,认真,细致,准确。此外,在实际生产中,画零件图仅是设计者一人,而看这张零件图却有多人,因此,设计者在画零件图时应多为看图的人着想,尽可能把图形表达清楚,便于看图。这一点是很重要的,因为它会节省多数人消化图纸所需要的时间。为此,对上述四点提出以下更具体的要求:

- 用一组视图,清楚、详尽地表达出该零件各个部分的结构形状。
  - 清楚——便于读图(易认)。
  - 详尽——完全确定各部分形状,即要求表达真形和惟一确定。
- 所标注尺寸,应该完全表示出零件的每个部分的形状,且要求标注得不多不少。所谓不多即不重复、不封闭,不少即不允许遗漏尺寸。
  - 尺寸还要求标注得清晰,便于看图,以避免看图者看错尺寸。
  - 尺寸还应该标注得合理,即满足设计要求,首先是必须与其他零件的尺寸协调、配合;另外,尺寸还应标注得符合加工要求,如便于加工和测量等。
- 技术方面的要求有很多,在本课程里只要求标注表面粗糙度和公差。
- 标题栏的填写要认真。标题栏要填写零件名称、材料、图号、比例、班号及姓名等。要求认真填写,培养严格细致的工作作风和认真负责的工作态度。

4.2　零件的合理构形

4.2.1　零件的构形原则

前面着重讨论的是平面图形和组合体的几何构形。下面要讨论的是真实机器零件(简称零件)的构形。与组合体不同,零件的最大特点是:

- 任何一个零件必定是某机器部件里的一个零件,即零件是不能孤立存在的。

● 零件的各部分形状是有功用的,它必须满足一定的设计要求,诸如强度、刚度等。又如零件形状应尽可能设计简单,便于制造。此外,零件形状还必须与其装配的其他零件的形状很好地协调,以便完成整机的功能。因此,机器零件必须根据实际要求合理构形。

从构形的角度看,零件合理构形的原则应该是在满足设计要求的前提下,尽可能使零件形状简单,符合加工要求,以便缩减制造周期和降低成本。

4.2.2　零件的功能构形

零件的结构和形状是千变万化的,但从构形角度看,它总可以看成是由以下几个功能部分组成的:

● 工作部分——用以完成零件在部件中的作用。
● 连接部分——用以与部件中其他零件的连接。
● 加强或其他特殊要求部分——常见的加强筋或其他专有的特殊结构。
● 安装部分——整个部件对外连接部分。

对于某一个零件来说,不一定都具有上述四个部分。多数情况下,只有工作部分和连接部分。一般情况下,只有壳体或支架类零件才可能包含上述四个部分。

下面以折角阀和柱塞泵作为零件构形分析的例子。

1. 柱塞泵泵体的构形分析

如图 4-1 所示为柱塞泵的装配图,泵体中空部分(装入柱塞)为工作部分,其左端类似椭圆形凸缘,右边螺纹为连接部分,其底板为安装部分,中间的纵向和横向筋板为支撑及加强部分。

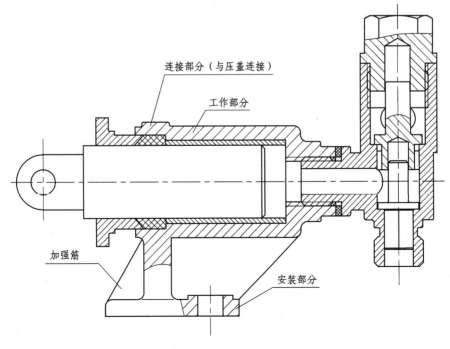

图 4-1　柱塞泵的功能构形分析

2. 折角阀各零件的构形分析

图 4-2(a)是折角阀的装配图和其主要零件(阀体)的一个视图。从图中可以看出,各零件的功能构形。

(1) 阀体功能构形分析

由于阀体内腔是流体的通道,所以阀体的主体部分即其工作部分,如图 4-2(b)所示。

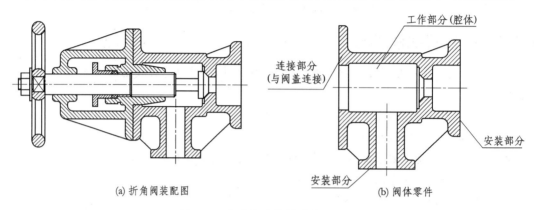

(a) 折角阀装配图   (b) 阀体零件

图 4-2 折角阀中的零件构形图例

阀体的左边做成一个圆盘,以便用螺栓与阀盖连接。通常称这个圆盘为连接凸缘。右边和下部也做成两个凸缘,只不过它们是两处安装用的凸缘。下部分为方形,右边部分为圆形。为了保证零件的刚性,在两个安装凸缘处都做出加强筋。

(2) 阀杆构形分析

阀杆右边圆锥部分是控制折角阀的启闭阀门,所以它是阀杆的工作部分。中间的螺纹和左边的方头是连接部分,如图 4-3 所示的阀杆的构形分析。

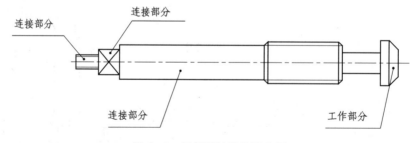

图 4-3 阀杆(轴)的构形分析

(3) 阀盖构形分析

如图 4-4 所示,整个阀盖的主要工作是给阀杆以两个支点(或约束),使阀杆能顺利地工作。因此,阀盖中间部分的螺纹与左边圆柱是其工作部分,右边凸缘为连接部分,中间有连接和加强用的加强筋部分。

(4) 手轮的构形分析

如图 4-5 所示,手轮的轮缘是其工作部分,中间的轮辐是连接及加强部分,中间轮毂是其连接部分。手轮的这三个部分,可以有各种不同的构形。

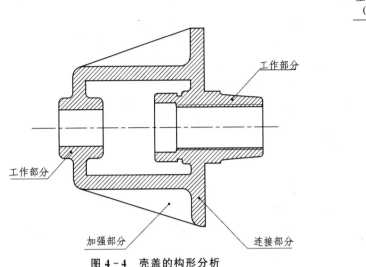

工作部分

工作部分

工作部分

加强部分

连接部分

图 4-4   壳盖的构形分析

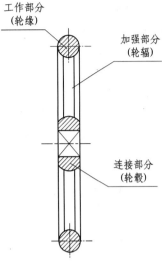

工作部分
(轮缘)

加强部分
(轮辐)

连接部分
(轮毂)

图 4-5   手轮的构形分析

4.3   零件的局部构形

　　零件的功能构形,也可以说是零件的总体构形,能使设计者很快从宏观上把握住一个零件的总体结构形状。这对零件的投影表达和尺寸标注是非常重要的。但零件的功能构形只是构形的第一步,还必须对每一个功能部分进行详细构形,即局部构形。在作局部构形时,前面讲过的几何构形和平面构形仍适用,但此时还要更多地考虑零件的强度、刚度和零件的工艺性,即零件的形状应符合加工要求,特别要尽量减少加工面,对安装面还常要求考虑减少接触面等。

　　下面以柱塞泵泵体为例说明其局部构形。

　　柱塞泵泵体工作部分比较简单,采用内定外构形,连接部分采用四段圆弧光滑连接代替椭圆形的凸缘构形。但根据设计要求,在连接凸缘上安装螺柱旋入端,故其厚度必须厚些,所以做成局部加强的结构,如图 4-6 所示。工作部分的圆柱轴向比较长,为增加其刚度在纵向两

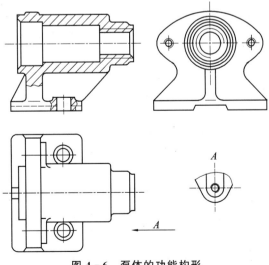

图 4-6   泵体的功能构形

端均加上斜筋板,以防止受力后变形。其安装底板为矩形,为减少接触面以使安装稳定,在中间部分做成中空结构,为减少加工面,两安装孔做成比底板凸出的结构。

图4-7是两个轴承座零件,其工作部分都是一个轴套(即空心圆柱),但是其安装部分完全不同,它们分别是水平底板和侧安装板。图4-8虽然也是一个轴承座,但其形状特别紧凑,是由整块材料经机械加工后形成的。图4-7的两个零件,都是铸造后再经过机械加工而成的。从构形上看,它们都有加强筋、连接筋,都有铸造圆角和减少加工面等结构。

以下是零件常见的局部构形要点。

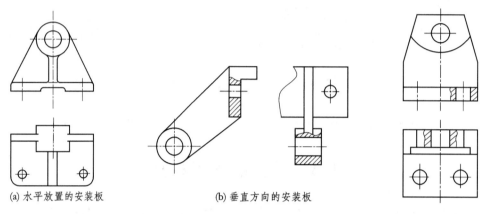

(a) 水平放置的安装板　　　　　　(b) 垂直方向的安装板

图4-7　相同功能的不同构形

图4-8　轴承座的构形
(全部机械加工)

1. 内定外构形

图4-9和图4-10中,画粗线部分是零件的内部要求形状,其外部形状都是由内部形状决定的,故称零件结构为内定外构形。

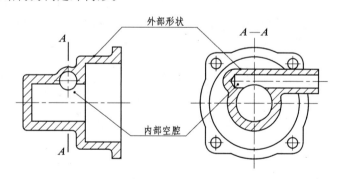

图4-9　由内定外构形(一)

2. 局部加强或局部加厚构形

图4-11(a)中的圆柱做成圆锥,或加上两加强筋板(见图4-11(b)),使零件的刚度加强。将图4-12中的管口局部加圆,也是为了加强刚度,使零件的构形更合理。

为了使零件的质量减轻,如图4-12(b)所示的等厚度的构形是不理想的,应该使受力部位加厚,其他部位减薄。这样,从整体来说质量还是减轻的。如图4-12(a)所示,是比较好的构形方案。

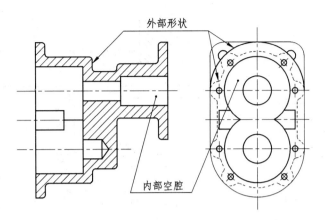

图 4 - 10　由内定外构形(二)

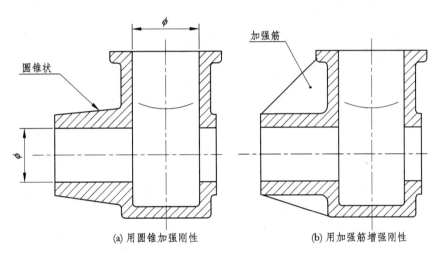

(a) 用圆锥加强刚性　　　　　　　　(b) 用加强筋增强刚性

图 4 - 11　增加刚度的不同构形

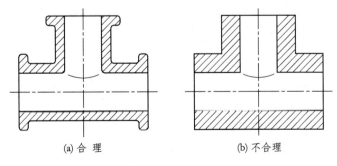

(a) 合　理　　　　　　　　　　(b) 不合理

图 4 - 12　合理的构形

3．减少接触面的构形

对于一些安装底座、底板和法兰盘等,由于加工误差的原因,为使安装稳定可靠,常将底部做成中空结构,使两旁或四周接触,中间不接触,如图 4 - 13 所示。

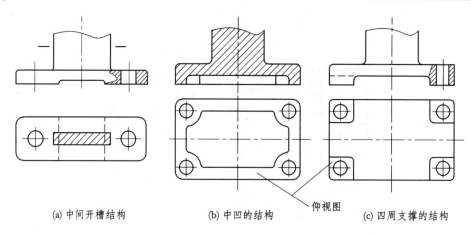

(a) 中间开槽结构　　　　　(b) 中凹的结构　　　　仰视图　　　(c) 四周支撑的结构

图 4-13　安装底板的局部构形

4. 减少加工面的构形

对于安装底板或连接法兰盘等结构,为使垫圈或螺母有良好的支撑面,通常安装底板的上下表面均应整个表面加工。显然,为了减少加工面,可以将上表面做成凸台或凹坑。这样,只需要加工凸台上表面或凹坑的下凹面即可,如图 4-14 所示。当然,凸台和凹坑的直径应大于垫圈的直径。有时,为了提高加工效率,希望一次装夹多个零件,一次加工多个零件,因而把凹坑设计成整个平面,如图 4-15 所示。

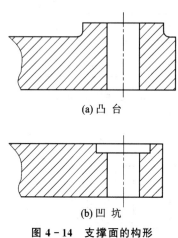

(a) 凸台

(b) 凹坑

图 4-14　支撑面的构形

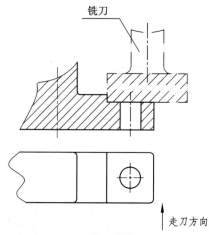

铣刀

走刀方向

图 4-15　工艺性好的支撑面构形

有时凹坑的深度并不重要,只要用刀具锪出一平面供支撑垫圈即可,故国家标准规定:可以只说明该平面锪平而不表示深度。所以,此时可用图 4-16 表示。

为保证零件间装配时的接触质量,接触面应该加工。实际上接触面只须加工一段而不需要整个面均加工,所以图 4-17(b) 是好的减少加工面的构形,而图(a)是不正确的构形,因为它没有考虑减少加工面结构。

图 4-18 是另一个典型减少加工面构形的例子。

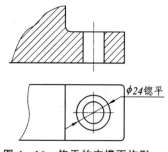

φ24锪平

图 4-16　锪平的支撑面构形

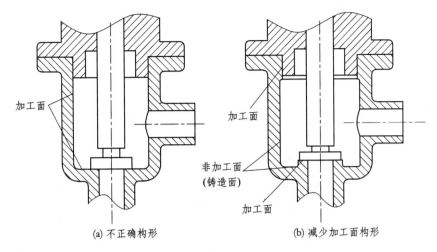

(a) 不正确构形   (b) 减少加工面构形

图 4 - 17 减少加工面的构形(一)

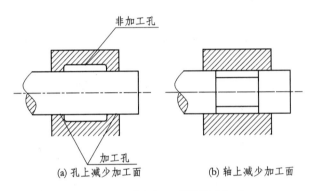

(a) 孔上减少加工面   (b) 轴上减少加工面

图 4 - 18 减少加工面的构形(二)

5. 与刀具有关的构形问题

有时零件的形状还与刀具动作有关,图 4 - 19(b)中斜孔的角度不对,无法下钻头。

图 4 - 20(a)中轴套上无法钻孔,必须先在传动带轮上钻孔,以它为工艺孔才能钻出轴套上的孔,如图(a)所示。

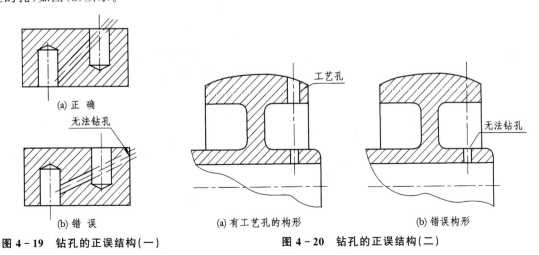

(a) 正确

(b) 错误

图 4 - 19 钻孔的正误结构(一)

(a) 有工艺孔的构形   (b) 错误构形

图 4 - 20 钻孔的正误结构(二)

图 4-21(b)中的 C 孔无法加工,应该如图 4-21(a)所示进行加工。先从左边钻工艺孔,使 A 与 B 相通,然后在工艺孔上加一堵塞(螺塞),将工艺孔堵住。

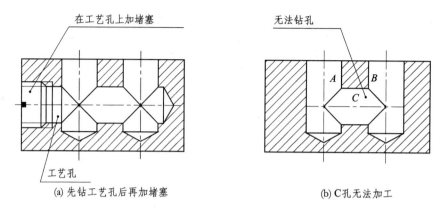

(a) 先钻工艺孔后再加堵塞　　　　　　　(b) C孔无法加工

图 4-21　钻孔的正误结构(三)

在图 4-22 中,为了用砂轮磨削锥面,考虑到砂轮的动作,应采用图(a)所示的结构。

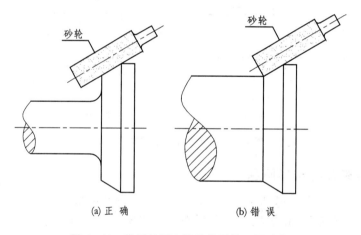

(a) 正确　　　　　　　(b) 错误

图 4-22　锥面柱面交接处构形的正误对比

6. 工艺圆角

许多零件在设计时,并不要求它有圆角。但在制造时,没有圆角却制造不出来,例如铸锻类零件、钣金类零件等。对这类零件,从构形的角度来看必须画出圆角,并且把圆角部分画成过渡线的形式,如图 4-23 所示。

由于铸造表面均有铸造圆角,因此在标注尺寸时,可以不一一标出圆角半径,而是在《技术要求》中统一标注,如"铸造圆角 $R3 \sim R5$"。

钣金类零件是由板材弯曲或压制而成的零件,在弯曲或压制过程中不可能没有圆角,否则在弯曲处材料会被撕裂,因此在钣金类零件的构形中,工艺圆角也是非常重要的。这类圆角不仅要标出来,而且要标注规定的圆角半径尺寸。通常标注内圆角尺寸,如图 4-23(c)所示。

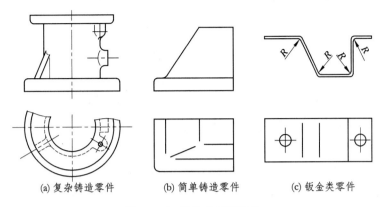

(a) 复杂铸造零件　　　(b) 简单铸造零件　　　(c) 钣金类零件

图 4 - 23　零件的工艺圆角

4.4　零件图的图形表达

　　从零件图的要求看,要完成一张合格的零件图是比较难的。所以,要求在绘制零件图时一定要有明确的思路、科学的方法和严密的步骤。

　　① 思路:所画的图是要给别人看的,一定要表达得特别清晰、完善。

　　② 方法:先用构形分析方法分析零件的结构,再用形体分析方法和线面分析方法分析零件的几何形状。

　　③ 步骤:

　　— 首先根据装配关系,弄清零件的作用,与哪个零件连接及定位等。

　　— 进行构形分析,即功能构形和局部构形。

　　— 选择视图,应先选主视图,再选其他视图,最后确定要采用多少个视图。

　　— 图面布置,应选择比例与图幅,并明确视图大致布置,且均匀合理地安排在图幅里面。

　　— 按照构形分析画图,即按工作部分、安装部分、连接部分和加强部分的构形顺序画图,
　　　先形体分析后线面分析,注意严格的投影对应关系。

　　— 标注尺寸,应按构形分析方法标注尺寸。

　　— 标注表面粗糙度和公差。

　　— 填写明细表。

　　— 自我检查。

　　上述步骤的核心部分是构形分析和视图选择。

　　零件图的视图选择的目的是用一组视图将零件的形状结构完全表达清楚,特别是要求惟一确定。这里须讨论三个问题,即

　　● 如何选择主视图。

　　● 如何选择其他视图。

　　● 什么是唯一确定。

4.4.1　选择主视图的原则

　　在一组视图中,主视图应该是最重要的,应该能更多地表达出零件的总体结构形状。这对

读图者快速消化图纸是非常关键的。为此,提出以下几点选择主视图的原则。

1. 工作位置或加工位置

工作位置即零件在部件里所处的位置。设计者很喜欢用工作位置作为主视图,因为这对零件间最后尺寸的协调是很方便的。绝大部分壳体零件都采用工作位置为主视图。当然不能绝对化地理解,例如零件在部件中处于倾斜位置,显然不应该用倾斜位置作为主视图。对于轴类零件,不管它在部件中处于垂直或倾斜位置,通常都是以轴的加工位置(即横放)作为主视图。

2. 功能构形原则

如图 4-24 所示的泵体零件,几个视图都是工作位置,显然应该用能充分表达零件的功能构形的那个视图作为主视图,即能充分表达零件的工作部分、安装部分、连接部分及加强部分的相对位置关系和形状。因此,应选用图 4-24(b)作主视图。一般情况下不宜用图 4-24(a)和图 4-24(c)作主视图,因为它们给人以平面图形的感觉,不易产生立体感。

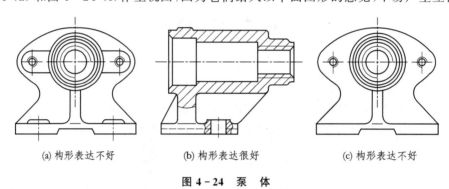

(a) 构形表达不好　　　　(b) 构形表达很好　　　　(c) 构形表达不好

图 4-24　泵　体

有些零件比较平面化,如图 4-25 和图 4-26 所示。从功能构形看,图 4-25 和图 4-26(b)更能表现其功能构形的空间关系。但是,对这类平面化了的零件,图 4-25(a)和图 4-26(a)都具有平面特点,充分显示该零件的结构特征。如考虑其视图布置,显然采用图 4-26(a)为主视图是合适的。图 4-27(a)所示,显然是不正确的,而图(b)是正确的。

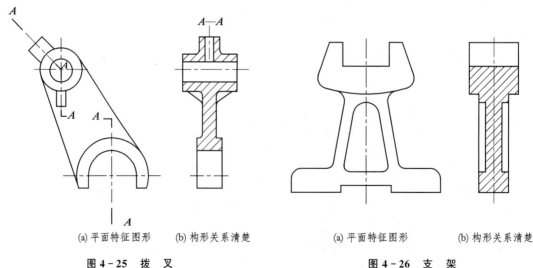

(a) 平面特征图形　(b) 构形关系清楚　　　　　(a) 平面特征图形　(b) 构形关系清楚

图 4-25　拨　叉　　　　　　　　　　**图 4-26　支　架**

比较图 4 - 28 的两种选择主视图的方案中,显然,从看图的角度,图 4 - 28(a)比图 4 - 28(b)好。

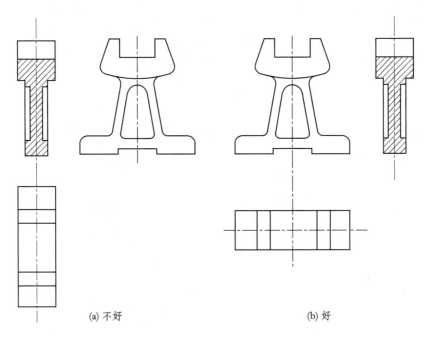

(a) 不好   (b) 好

图 4 - 27 两种视图选择方案

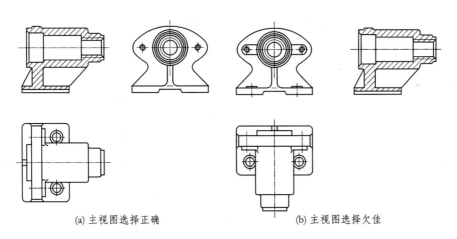

(a) 主视图选择正确   (b) 主视图选择欠佳

图 4 - 28 泵体主视图选择的比较

4.4.2 其他视图的选择

通常首选左视图和俯视图,并充分利用剖视、半剖视和局部剖视,尽可能清楚地表示出各部分结构形状。当这样做还不能表示其形状时,再加上其他视图。

图 4 - 29 是柱塞泵三视图,显示安装板上凸台未表示出来,连接部分结构未表示清楚,右边筋板宽度未表示,因此可采用主视图局部剖视,侧视图画虚线,主视图画出筋板的重合断面。为了表示连接法兰盘上的孔,在俯视图上作出局部剖视,如图 4 - 30 所示。

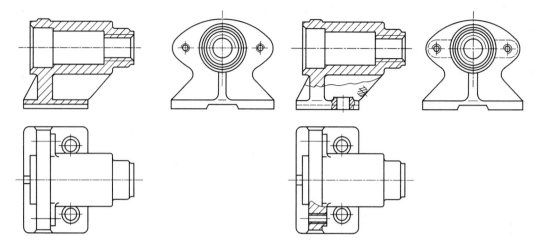

图 4-29 泵体三视图(不能惟一确定)　　　　图 4-30 用虚线表示局部构形(不好)

用虚线表示不是最好的方法,因此,可以考虑去掉侧视图的虚线,另加一个 A 向的局部视图以示其形状,如图 4-31 所示。至此,这是一个可以考虑的方案。

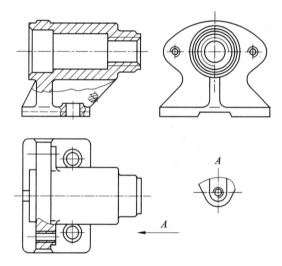

图 4-31 用局部视图表达局部构形

从读图的角度看,应考虑主视图的枢纽作用,即以主视图为中心向四周的辐射作用。这样做会大大地加快读图的速度,并且对标注尺寸也十分有利,所以这个零件的最佳视图选择方案应如图 4-32 所示。

当然,有时也可以考虑从表达零件最有利的情况来考虑主视图。对于上述泵体,如果将主视图翻转 180°,就可以表达得特别简单明了,如图 4-33 所示。此时,左视图已经充分表示出连接部分构形和安装板的凸台形状,加上局部剖视表示其为透孔,因而这也是一种可以考虑的方案。

最后,如果希望主视图的工作位置与装配图上一致,也可采用如图 4-34 所示的方法,即在左视图的位置上画出右视图。这样做更简单,只要在主视图右边画一箭头,在所画右视图上标出 A 即可,如图 4-34 所示。这样做也可达到上述方案的结果。

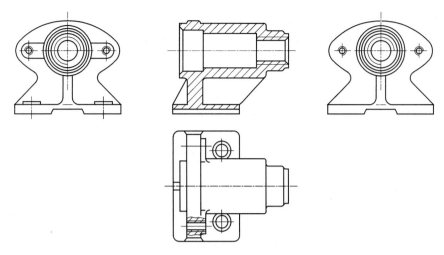

图 4 - 32　泵体的视图选择(较好)

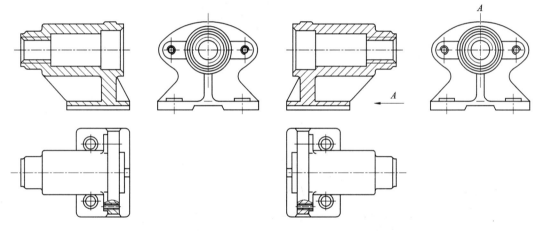

图 4 - 33　泵体的视图选择(主视图与装配图不一致)　　　图 4 - 34　泵体的另一种视图选择(画右视图)

4.4.3　唯一确定

所谓唯一确定,即表达零件每一部分的确切形状,如形体与形体连接处的确切形状、相同要素的个数、形体的真形或真正的角度等。

下面用图形说明唯一确定问题。对于一个简单空心圆柱来说,标注直径尺寸,一个视图就已经表达清楚了,如图 4 - 35(a)所示,而图 4 - 35 (b)的左视图就属多余了。

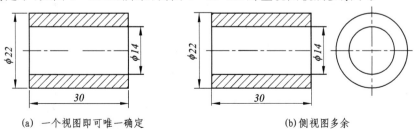

(a) 一个视图即可唯一确定　　　　　　　　　　　　(b)侧视图多余

图 4 - 35　视图表达

如果在空心柱上有一横向孔,如图 4-36 所示,即图 4-36(a)是错误的,它不唯一确定,必须如图 4-36(b)所示用两个视图表示才能唯一确定,或将零件旋转 90°,如图 4-36(c)所示,也能达到唯一确定。

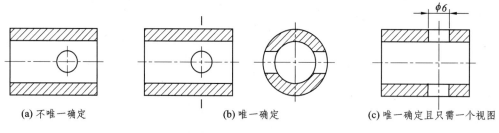

(a) 不唯一确定   (b) 唯一确定   (c) 唯一确定且只需一个视图

图 4-36　轴套的视图表达

下面是另一个唯一确定的例子,而在图 4-37(a)、(b)、(c)和(d)中,图(a)和(c)不唯一确定。

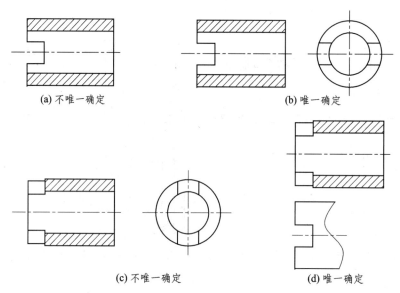

(a) 不唯一确定   (b) 唯一确定

(c) 不唯一确定   (d) 唯一确定

图 4-37　轴套的视图表达

图 4-38(a)中,用标注尺寸 $4×\phi8$ 均布或 $4×\phi8EQS$,说明是四个直径为 8 mm 且均匀分布的孔,一个视图即可唯一确定,否则要用两个视图,如图 4-38(b)所示。

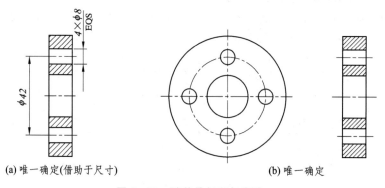

(a) 唯一确定(借助于尺寸)   (b) 唯一确定

图 4-38　端盖的视图与表达

下面的两个零件如图 4-39 所示,尽管主视图相同,但不能靠标注尺寸,只能用两个视图才能唯一确定,因为它存在着两种可能的方案。

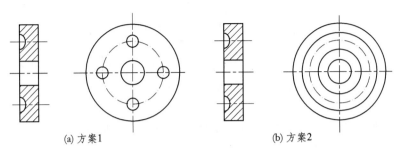

(a) 方案1   (b) 方案2

图 4-39 唯一确定(侧视图是必要的)

4.5 零件的技术要求

4.5.1 表面粗糙度

零件加工时,由于不同的加工方法、刀具和其他因素等的影响,在被加工表面上会形成粗糙不平的情况,在显微镜下显示出具有较小的间距和峰谷的微观几何形状。这种微观几何形状称为表面粗糙度。粗糙度越大说明表面越粗糙,即表面质量越差。表面粗糙度对零件的性能会有很大影响,诸如对零件的配合性能、接触刚度、摩擦与磨损、疲劳强度、密封性能、耐腐蚀性、磨合性能、润滑性、导电性、光学性能和装饰性能等。当然,并不是表面越光滑越好,越粗糙越不好。越光洁的表面,加工成本越高,所以设计者在规定零件的表面粗糙度时,应遵循的原则是,在满足零件性能和功能要求的前提下,尽可能选用加工成本较低的表面粗糙度。

不平度用与高度有关的参数来表示,常用的有两种,即

① 轮廓算术平均偏差 Ra 是指在取样长度内,轮廓偏距绝对值的算术平均值,可近似表示为

$$Ra = \frac{1}{l}\int_0^l \mid z(x) \mid dx$$

② 轮廓最大高度 Rz 是指在取样长度内,轮廓峰顶线和峰底线之间的距离。

上述两种参数中,Ra 用得最普遍、最广泛,如图 4-40 所示。它可以反映微观不平度的主要状态,且便于测量,通用性强,国标建议优先采用。

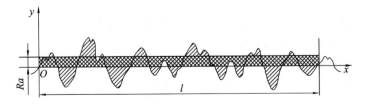

图 4-40 轮廓算术平均偏值 Ra

表面粗糙度的参数 Ra 值不得任意填写,必须使用国标 GB/T 1031—2009 规定的数值,即 0.012,0.025,0.05,0.1,0.2,0.4,0.8,1.6,3.2,6.3,12.5,25,50 和 100 等,单位:μm。

1. 表面粗糙度的符号、代号

GB/T 131—2006 规定了表面粗糙度的符号、代号及其标注方法,见表 4-1 和表 4-2。

表 4-1　表面粗糙度的符号

符　　号	说　　明
 ∨	基本符号。没有补充说明时不能单独使用
∨ (加横线)	扩展符号,此符号由基本符号加一短横构成,其表面是由去除材料的方法获得,如:铣、车、钻、磨、剪切、抛光、腐蚀、电火花加工等。仅当其含义是"被加工表面"时可单独使用
∨ (加圆)	扩展符号,此符号由基本符号加一圆构成,其表面是由不去除材料的方法获得,如:铸、锻、冲压、轧制、粉末冶金等,或保持上道工序形成的表面

　　当要求标注表面结构特征补充信息时,应在表 4-1 所示符号的长边上加一横线,即为完整的表面粗糙度图形符号,其绘制方法如图 4-41(a)、(b)、(c)所示。

　　为了明确表面结构要求,除了标注表面结构参数和数值外,必要时应标注补充要求。补充要求包括传输带、取样长度、加工工艺、表面纹理及方向、加工余时等。在完整表面粗糙度符号中,对表面结构的单一要求和补充要求应写在图 4-41(d)所示的指定位置。

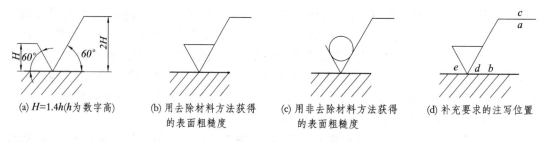

(a) $H=1.4h$(h为数字高)　　(b) 用去除材料方法获得的表面粗糙度　　(c) 用非去除材料方法获得的表面粗糙度　　(d) 补充要求的注写位置

图 4-41　表面粗糙度符号画法主补充要求注写位置

　　图 4-41(d)中位置 $a\sim e$ 分别注写以下内容:

　　位置 a　注写表面结构的单一要求:可标注表面结构参数代号、极限值和传输带或取样长。为了避免误解,在参数代号和极限值间应插入空格。传输带或取样长度后应一斜线"/",之后是表面结构参数代号,最后是数值。

　　示例 1:0.002 4-0.8/Rz　6.3(传输带标注);

　　示例 2:0-0.8/Rz　6.3(取样长度标注)。

　　位置 a 和 b　注写两个或多个表面结构要求:在位置 a 注写第一个表面结构要求,在位置 b 注写第二个表面结构要求,如果要注写第三个或更多个表面结构要求,图形符号应在垂直方向扩大,以空出足够的空间,扩大图形符号时,a 和 b 的位置随之上移。

　　位置 c　注写加工方法:注写加工方法、表面处理、图层或其他加工工艺要求等,如车、磨、镀等加工表面。

　　位置 d　注写表面纹理和方向:注写所要求的表面纹理和纹理的方向,如"="、"X"、"M",各符号含义见表 4-2。

　　位置 e　注写加工余量:注写所要求的加工余量,以毫米为单位给出数值。

表 4-1 中表面粗糙度符号加上参数值,如 $Ra3.2,Ra6.3$ 和 $Ra12.5$ 就成为表面粗糙度代号。表面粗糙度符号及其含义如表 4-2 所列。

表 4-2 表面粗糙度的代号

符 号	说 明
$\sqrt{}Ra3.2$	用任何方法获得的表面,Ra 的值为 3.2 μm
$\sqrt{}\overline{Ra3.2}$	用去除材料的方法获得的表面,Ra 的值为 3.2 μm
$\diagup\!\!\!\!\bigcirc Ra3.2$	用不去除材料的方法获得的表面,Ra 的值为 3.2 μm
$\sqrt{}\begin{array}{l}U\,Rz0.8\\L\,Ra0.2\end{array}$	表示双向极限时应标注极限符号,上极限在上方用 U 表示,下极限在下方用 L 表示,如果同一参数具有双向极限,在不引起歧义的情况下,可以不加 U、L

当图样在某个视图上构成封闭轮廓的各表面有相同的结构要求时,应在图 4-41 的完整图形符号上加一圆圈,标注在图样中工件的封闭轮廓线上,如图 4-42 所示。如果标注会引起歧义时,各表面应分别标注。

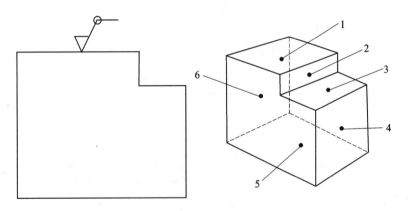

注:图示的表面结构符号是指对图形中封闭轮廓的六个面的共同要求(不包括前后面)。

图 4-42 对周边各面有相同的表面结构要求的注法

2. 表面粗糙度代号在零件图上的标注

在零件图上标注表面粗糙度时应该注意下述三点:

第一,零件上每个表面都要标注粗糙度,且只标注一次。

第二,表面粗糙度代号一般注在轮廓线上,必要时表面粗糙度符号也可以用带箭头或黑点的指引线引出标准,在不致引起误解时,表面粗糙度可以标注在给定的尺寸线上,如图 4-43 所示。

第三,标注时,特别要注意表面粗糙度代号标注的方向如图 4-44(a)所示。图 4-44(b)与图(c)是表面粗糙度标注正误对比图例。正确注法是,代号的尖端要指向被加工表面,代号的数值应与标注尺寸数字时的方向相一致。

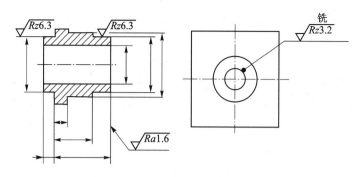

图 4 - 43　表面粗糙度代号标注图例

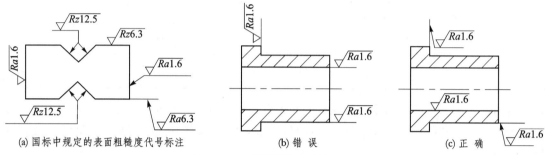

(a) 国标中规定的表面粗糙度代号标注　　　　(b) 错　误　　　　(c) 正　确

图 4 - 44　表面粗糙度标注正误

3. 表面粗糙度标注图例

表 4 - 3 是表面粗糙度标注图例,均为说明如何满足上述三点要求而采用的简化标注方法。

表 4 - 3　表面粗糙度标注图例

图　例	说　明	图　例	说　明
其余 √Ra25 √Ra3.2 Ra12.5 2×φ6.6 □ φ15 Ra12.5	对其中使用最多的一种代(符)号可以统一标注在图样右上角,并加注"其余"两字,且应比图形上其他代(符)号大1.4倍	√Ra6.3	当零件所有表面具有相同的粗糙度时,其代(符)号,可在图样的右上角统一标注,且应较一般的代号大1.4倍
其余 √Ra12.5 √ = √Ra3.2 √ = √Ra10	可以采用省略注法,但要在标题栏附近说明这些简化符号、代号的意义	2-B3/7.5 GB/45-59 Ra6.3 Ra6.3 Ra12.5 Ra12.5 2×45° Ra12.5 R Ra12.5	中心孔、键槽工作面、倒角和圆角的粗糙度符号可简化标注

图 例	说 明	图 例	说 明
	齿槽的注法		螺纹的注法
	当齿轮、渐开线花键齿的工作表面(曲面)没有画出齿形时,其表面粗糙度代号,可注在分度圆线上		当需要将零件局部热处理或局部镀(涂)时,应用粗点画线画出其范围,并标注相应的尺寸;也可将其要求注写在表面粗糙度符号上
	当同一表面有不同的表面粗糙度要求时,须用细实线画出其分界线,并注出相应的表面粗糙度代号和尺寸		当需要指明加工方法时
	当需要指明加工纹理方向时		

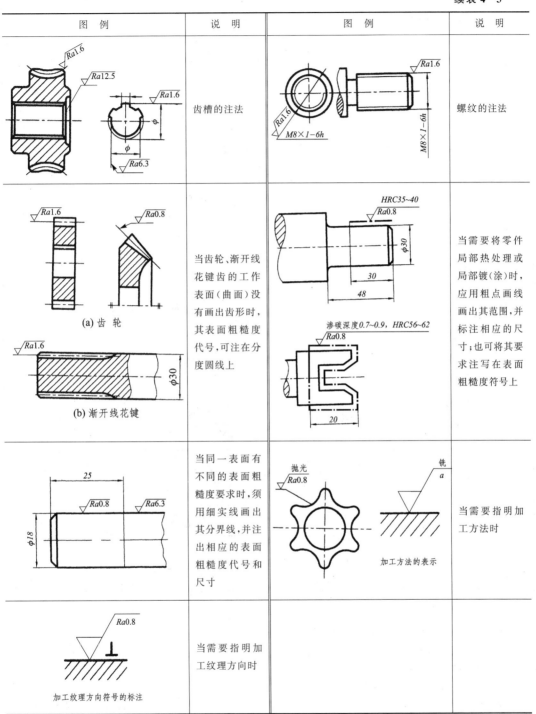

表面粗糙度国家标准经历了 1983,1993,2006 版 3 次修订,图形标注规则发生了一些变化,读者在绘制图纸时,应使用最新版国标规定的注法。表 4 - 4 给出了表面粗糙度图形标准的演变过程。

表 4－4　表面粗糙度要求的图形标注的演变

	GB/T 131 的版本			
	1983(第一版)[a]	1993(第二版)[b]	2006(第三版)[c]	说明主要问题的示例
a	1.6	1.6　　1.6	Ra 1.6	Ra 只采用"16%规则"
b	Ry 3.2	Ry 3.2　　3.2	Rz 3.2	除了 Ra"16%规则"的参数
c	—[d]	1.6 max	Ra max 1.6	"最大规则"
d	1.6 / 0.8	1.6 / 0.8	−0.8/Ra 1.6	Ra 加取样长度
e	—[d]	—[d]	0.025−0.8/Ra 1.6	传送带
f	Ry 3.2 / 0.8	Ry 3.2 / 0.8	−0.8/Rz 6.3	除 Ra 外其他参数及取样长度
g	Ry 1.6 6.3	Ry 1.6 6.3	Ra 1.6 Rz 6.3	Ra 及其他参数
h	—[d]	Ry 3.2	Rz3 6.3	评定长度中的取样长度个数如果不是 5
j	—[d]	—[d]	L Ra 1.6	下限值
k	3.2 1.6	3.2 1.6	U Ra 3.2 L Ra 1.6	上、下限值

a 既没有定义默认值也没有其他的细节,尤其是
　　——无默认评定长度
　　——无默认取样长度
　　——无"16%规则"或"最大规则"

b 在 GB/T 3505—1983 和 GB/T 10610—1989 中定义的默认值和规则仅用于参数 Ra,Ry 和 Rz(十点高度)。此外,GB/T 131—1993 中存在着参数代号书写不一致问题,标准正文要求参数代号第二个字母标注为下标,但在所有的图表中,第二个字母都是小写,而当时所有的其他表面结构标准都使用下标

c 新的 Rz 为原 Ry 的定义,原 Ry 的符号不再使用

d 表示没有该项

4．表面粗糙度选用

设计者在标注表面粗糙度之前已经作过零件的构形分析,对零件上每个表面的功能均已了解,特别是一些配合面、运动面、接触面以及某些会影响机器性能的表面等,然后根据配合性质和精度,从表 4-5 中查出与其相适用的表面粗糙度参数数值。

表 4-5　与表面相适用的表面粗糙度参数数值　　　　　　　　　　μm

配合类别	轴径/mm											
	1～3	3～6	6～10	10～18	18～30	30～50	50～80	80～120	120～180	180～260	260～360	360～500
H7	1.6	1.6	3.2	3.2	3.2	3.2	3.2	3.2	3.2	3.2	3.2	3.2
s7,u5～6,s6,r6	0.8	0.8	0.8	1.6	1.6	1.6	1.6	3.2	3.2	3.2	3.2	3.2
n6,m6,k6,js6	0.8	0.8	1.6	1.6	1.6	1.6	3.2	3.2	3.2	3.2	3.2	3.2
h6,g6,f7	0.8	0.8	1.6	1.6	1.6	1.6	3.2	3.2	3.2	3.2	3.2	6.3
e8	0.8	0.8	1.6	1.6	1.6	3.2	3.2	3.2	6.3	6.3	6.3	6.3
d8	1.6	1.6	1.6	3.2	3.2	6.3	6.3	6.3	6.3	6.3	6.3	6.3
H8	1.6	1.6	3.2	3.2	3.2	3.2	3.2	3.2	3.2	3.2	6.3	6.3
n7,m7,k7,j7,js7	0.8	0.8	1.6	1.6	3.2	3.2	3.2	3.2	3.2	3.2	6.3	6.3
h7	1.6	1.6	3.2	3.2	3.2	3.2	3.2	3.2	3.2	3.2	6.3	6.3
H9	—	3.2	3.2	6.3	6.3	6.3	6.3	6.3	6.3	6.3	6.3	6.3
h8～9,f9	3.2	3.2	3.2	3.2	6.3	6.3	6.3	6.3	6.3	6.3	6.3	6.3
d9～10	3.2	3.2	3.2	6.3	6.3	6.3	6.3	6.3	6.3	6.3	6.3	6.3
H10,h10	1.6	1.6	3.2	6.3	6.3	6.3	6.3	6.3	6.3	6.3	6.3	12.5
H11	6.3	6.3	6.3	6.3	6.3	6.3	12.5	12.5	—	—	—	—
h11,d11,b11,c10～11,a11	6.3	6.3	6.3	12.5	12.5	12.5	12.5	12.5	12.5	12.5	12.5	12.5
H12～13,h12～13,b12,c12～13	6.3	12.5	12.5	12.5	12.5	12.5	12.5	12.5	12.5	12.5	12.5	12.5

对于一个具体的零件来说,这种要求比较高的表面还是少数,对多数剩下的不甚重要的表面,可以根据要求确定它们的粗糙度。下面一些说明可供参考:

① 不十分重要,但有相对运动的部位或较重要的接触面、低速轴的表面、相对运动较高的侧面、重要的安装基准面及齿轮和链轮的齿廓表面等,可以选用 $Ra3.2$。

② 尺寸精度不高、没有相对运动的接触面,如不重要的端面、侧面及底面可以选用 $Ra6.3$。

③ 不重要的加工表面,如油孔、螺栓或螺钉通过孔及不重要的底面倒角等,可选用 $Ra12.5$。

此外,在选用表面粗糙度时,还应考虑该表面如何加工,采用什么样的加工方法可以获得该表面的粗糙度。这与零件的制造成本也有关系。表 4-6 是加工方法与相对应的表面粗糙度 Ra 值,可供选用粗糙度时参考。

表 4 - 6　加工方法与相对应的表面粗糙度 *Ra* 值

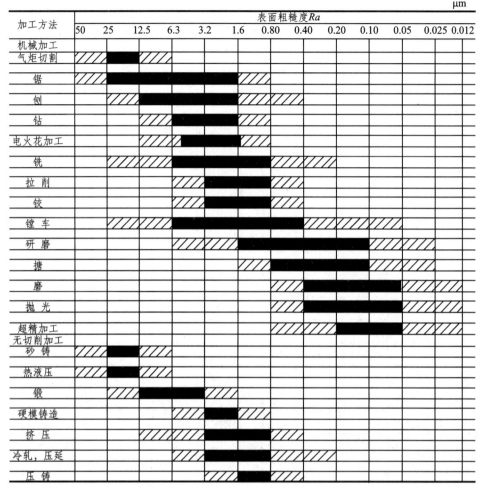

4.5.2　极限与配合

1. 极限的基本概念

(1) 极限尺寸与公差

由于种种原因,零件在加工时,其尺寸必定要产生误差,如零件图上标注一个孔的基本尺寸为 $\phi30$,但实际加工后该孔直径的实际尺寸可能会是 $\phi30.1$ 或 $\phi29.8$,前者误差为 0.1,后者为 0.2,但是误差太大会影响零件的装配质量。因此,为了控制住零件的加工误差,可以用两个极限尺寸,即最大极限尺寸和最小极限尺寸来规定一个基本尺寸的允许误差范围。这个允许的误差范围称为公差。显然,一个尺寸的公差等于两个极限尺寸代数差的绝对值,例如:

基本尺寸为 $\phi30$,最大极限尺寸为 $L_{max}=30.1$,最小极限尺寸为 $L_{min}=29.9$,那么这个尺寸的公差为

$$T=L_{max}-L_{min}=30.1-29.9=0.2$$

（2）极限偏差与公差

为了标注的方便，常采用极限偏差的概念。所谓极限偏差即极限尺寸偏离基本尺寸的程度，例如上偏差的计算方法为

$$上偏差 = 最大极限尺寸 - 基本尺寸$$

用符号表示为

$$ES = L_{max} - L$$

则上例中的上偏差为

$$ES = 30.1 - 30 = 0.1$$

下偏差的计算方法为

$$下偏差 = 最小极限尺寸 - 基本尺寸$$

$$EI = L_{min} - L$$

则上例中的下偏差为

$$EI = 29.9 - 30 = -0.1$$

显然，公差也可看成上偏差减下偏差之差的绝对值，即

$$T = ES - EI = 0.1 - (-0.1) = 0.2$$

对于轴，偏差用小写表示，即 es 和 ei。

公差是一个范围，是无正负号且不为零的数值。该数值越小表示精度越高，加工越困难。

图 4-45 给出一个孔的基本尺寸、最大和最小的极限尺寸，以及上、下偏差和公差带的图例。

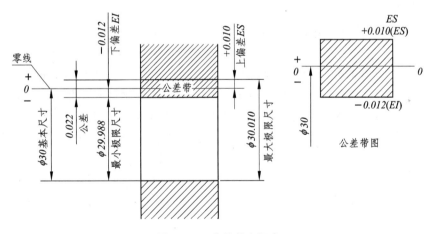

图 4-45　公差基本概念

（3）公差带图

为了研究公差，特别是复杂的公差，画出公差带图能直观地看清误差的允许范围如图 4-46 所示。图中先画出零件，即基本尺寸线或零偏差线，再画上偏差线、下偏差线，即这两条线之间的矩形为公差带，只要实际尺寸在公差带范围内即是合格，否则为不合格。

从图 4-47 的两公差带图中可以看到，尺寸公差决定于两个基本要素，即公差带的大小和公差带的位置。公差带的大小即公差带的宽度，取决于上下偏差值。而公差带的位置，当公差带位于零线上方时，它取决于下偏差；当公差带位于零线下方时，它取决于上偏差。通常把决定公差带位置的那个偏差称为基本偏差。

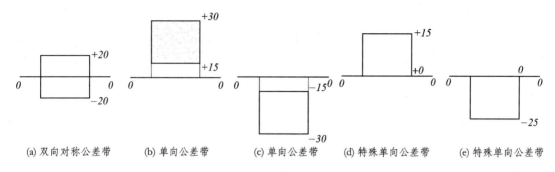

| (a) 双向对称公差带 | (b) 单向公差带 | (c) 单向公差带 | (d) 特殊单向公差带 | (e) 特殊单向公差带 |

图 4-46 几个不同的公差带图(单位为 μm)

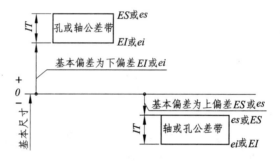

图 4-47 基本偏差

2. 配合与公差

(1) 三类不同性质的配合

两个基本尺寸相同的轴和孔装配在一起时称为配合。多数情况下,希望轴能在孔中转动或往复运动,那么此时轴与孔之间须存在间隙即轴小于孔,故常称此时的轴和孔是间隙配合;有时由于结构上的原因,希望轴装入孔后与孔成为一整体,即轴与孔无相对运动,那么此时轴与孔之间不仅无间隙,而且轴要大于孔,故这种情况称为轴与孔是过盈配合。少数情况下,设计师希望轴与孔的配合,可能是过盈,也可能是间隙,但间隙与过盈都比较小,这种配合称为过渡配合。

图 4-48 用公差带直观地说明三类不同性质的配合,即间隙配合、过渡配合和过盈配合。值得注意的是,三个图中,孔的公差都是相同的,只改变轴的公差,就可以得到不同性质的配合。

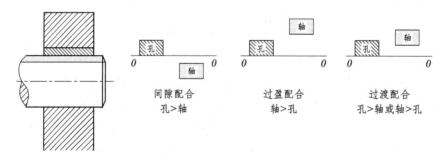

| 间隙配合 | 过盈配合 | 过渡配合 |
| 孔>轴 | 轴>孔 | 孔>轴或轴>孔 |

图 4-48 三类不同的轴孔配合

(2) 国标中规定的基本偏差与标准公差

在配合中,如果孔的公差带不变,而改变轴的公差带,可以得到不同松紧程度的配合。为此,国家标准给出了各种不同公差值(公差带宽度)和基本偏差值(决定公差带位置),并且用代号来表示,如 H7 和 f6,其中孔用大写字母如 H,轴用小写字母如 f,H 和 f 表示公差带的位置。数字 6 和 7 代表精度,表示公差带的宽度。图 4-49 给出了国家标准规定的孔和轴各有 28 种不同位置的基本偏差及其代号。图中仅画出基本偏差而未画出公差带的宽度,是因为公差带的大小取决于标准公差,显然,标准公差越小,说明精度越高,反之则越低。国家标准中规定了 20 种标准公差等级,即:

$$IT01,IT0,IT1,IT2,\cdots,IT18$$

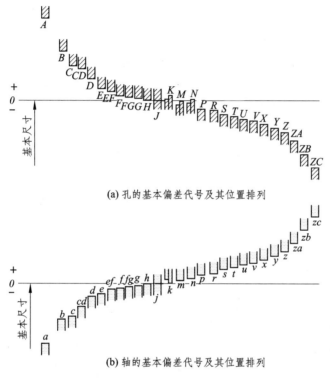

(a) 孔的基本偏差代号及其位置排列

(b) 轴的基本偏差代号及其位置排列

图 4-49　国标中规定的基本偏差系列

数字代表公差等级,即确定尺寸精度的等级,数字愈大,表示公差值大精确度越低;反之,精确度高。如基本尺寸为 20,其 6 级精度的标准公差为 IT6=11,而 7 级精度的标准公差为 IT7=18。

标准公差的公差值与基本尺寸也有关系。如同为 6 级精度,基本尺寸为 40 时,其标准公差为 IT6-16;而基本尺寸为 20 时,其标准公差为 IT6=11。

(3) 公差在零件图上的标注

设已知一基本尺寸为 $\phi30$ 的孔和轴,其公差代号为 H8 和 f7,由表中查出的上下偏差值分别为孔 $_0^{+33}$、轴 $_{-41}^{-20}$,表中查出的值 33 即 0.033,在标注上应写成 $\phi30_0^{+0.033}$ 和 $\phi33_{-0.041}^{-0.020}$。

在零件图上标注公差时,可以有三种注法,适合于三种不同的场合,如图 4-50 所示。其中,第一种是最常用的标注方法。

这三种注法是:

① 标注极限偏差值如图 4-50(a)所示,适合于多数场合。

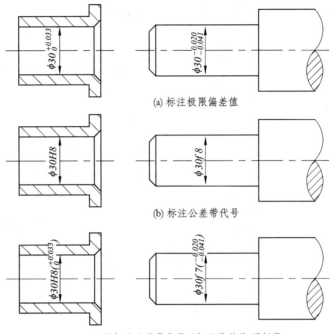

(a) 标注极限偏差值

(b) 标注公差带代号

(c) 既标注公差带代号又标注偏差值(用括号)

图 4 - 50　零件公差注法

② 标注公差带代号,如图 4 - 50(b)所示,通常适用于大量或大批生产的场合,因为这种情况下,采用专用量规检验,而量规上就标有公差带代号。

③ 既标注公差带代号又标注极限偏差值,如图 4 - 50(c)适用于试生产的场合。

(4) 配合的基制

在图 4 - 48 中,用改变轴的公差来达到不同的配合性质。这种配合基制称为基孔制,即孔为基准件。绝大部分机械部门和行业都采用基孔制,这是因为孔难加工,而轴是外表面,易于加工。在个别情况下需要使轴的公差不变,依靠改变孔的公差来达到不同性质的配合,此时轴为基准件。这种配合基制称为基轴制,如图 4 - 51 所示。

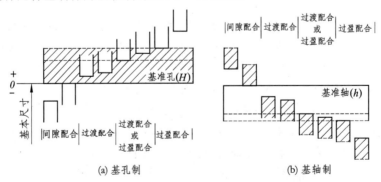

(a) 基孔制

(b) 基轴制

图 4 - 51　基孔制与基轴制

在装配图上,配合的标注用分数表示,分子写孔的公差带代号,分母写轴的公差带代号如图 4 - 52 所示。在基孔制中,孔为基准件,它用 H 表示,如 H7/g6 和 H8/f7。在基轴制,轴为基准件,它用 h 表示,如 F6/h5 和 N6/h5。

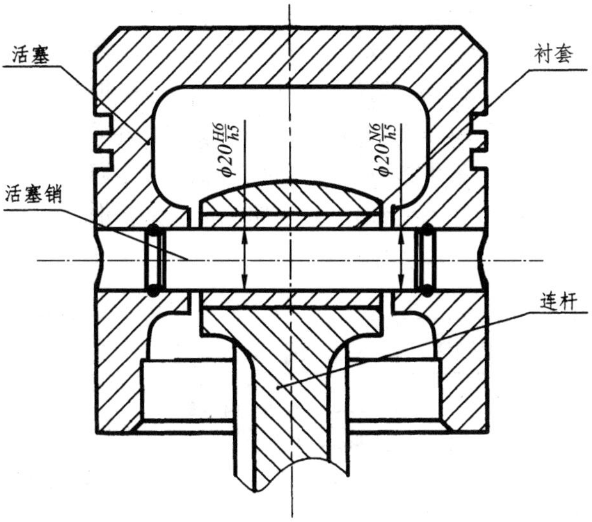

图 4－52　配合代号的标注

3. 形状和位置公差的基本概念及标注方法

(1) 基本概念

在机械加工中，除尺寸误差外，还会产生一些更为微观的几何形状和几何位置误差，而这些误差对机械产品性能和质量的影响远远大于尺寸误差的影响，越是精密的产品，越要限制几何形状和几何位置的误差，因此就有几何形状公差和几何位置公差。

所谓几何形状公差即允许的实际形状对理想形状的变动范围；位置公差即允许的实际位置对理想位置的变动范围。当然，理想形状和理想位置是有非常严格和严密定义的，而且测定起来也是非常困难的。这些由专门课程来讲述，这里仅介绍如何在零件图上标注这些公差。

为了严格限制这两类误差，国家标准规定了形位公差（形状公差和位置公差的总称）的分类、项目及代号如表 4－7 所列。

表 4－7　形位公差分类、项目及代号

分　类	项　目	代　号
形状公差	直线度	—
	平面度	▱
	圆　度	○
	圆柱度	⌭
开状公差 或 位置公差	线轮廓度	⌒
	面轮廓度	⌓

分　类		项　目	代　号
位置公差	定　向	平行度	//
		垂直度	⊥
		倾斜度	∠
	定　位	同轴度	◎
		对称度	⌯
		位置度	⌖
	定　位	圆跳动	↗
		全跳动	⌰

（2）标注方法

形位公差在零件图上采用框格表示法。一般情况下，形状公差采用两个框格，而位置公差因为要指明基准，所以采用三个框格，如图 4-53(a)所示。通常第一格标注形位公差代号，第二格表示形位公差值，第三格表示基准代号字母，然后整个框格用指引线加箭头垂直（与公差带方向垂直）地指向被测表面。为了指明哪个表面是基准，在充当基准的部位附近画一粗线，然后作一垂线，并画一圆圈，在圆圈内写基准代号，表明该形状是基准，如图 4-53(b)中所示的 A。

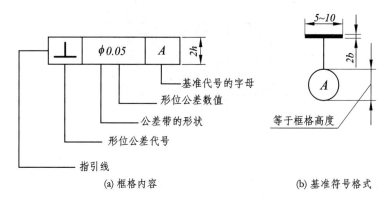

(a) 框格内容   (b) 基准符号格式

图 4-53　框格表示法

图 4-54(a)所示是一根 $\phi 12^{-0.017}_{-0.026}$ 的光轴。有时尽管尺寸公差合格，但其形状可能会有误差，图上要求其轴线的直线度为 $\phi 0.006$，即其轴线形状只允许在形状为 $\phi 0.006$ 的圆柱内，超出这公差范围，即为不合格。

图 4-54(b)所示即为一箱体的局部视图，表示两个 $\phi 25$ 的孔为装入两互相垂直的圆锥齿轮轴。为了保证它们的运转质量，应确保该两孔的轴线互相垂直。图上形位公差的意义即水平圆柱孔 $\phi 25$ 相对于垂直孔（基准 A）的垂直度允许误差为 0.05。

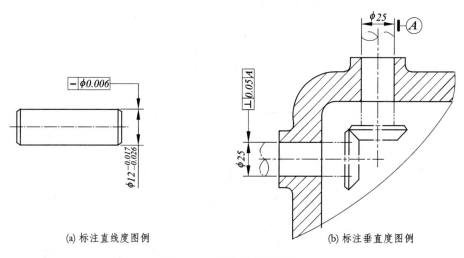

(a) 标注直线度图例   (b) 标注垂直度图例

图 4-54　形位公差的标注

图 4-55 是零件形位公差标注实例。

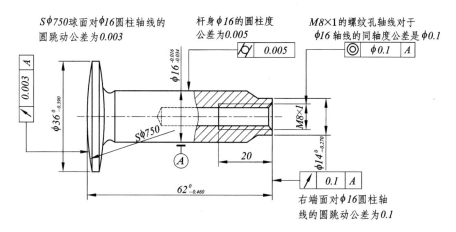

图 4-55　零件形位公差标注实例

4.6　零件图的尺寸标注

4.6.1　零件图尺寸标注的要求

尺寸标注是一件非常严格而又细致的工作,任何微小的疏忽、遗漏或错误都可能在生产上造成不良后果,给生产带来严重损失。因此,零件图的尺寸标注必须认真、细致,并要求做到完全、清晰、合理。

1. 完　全

所谓完全,就是对所表达的零件,要求将其各部分形状的大小及相对位置都惟一确定下来(即几何确定),不允许有遗漏尺寸、多余尺寸和重复尺寸。在一个零件上,虽然有主要尺寸和次要尺寸之分,但是根据尺寸"完全"这一概念,哪怕是非常不重要的尺寸,也必须全部标注出来。要将一个零件图的尺寸标注完全是很不容易的,特别是对初学者来说就更难,但是只要注意两点,就一定能够做到:第一要掌握方法,第二要非常认真。

标注零件图尺寸的方法是构形分析法和形体分析法,即根据构形分析,将零件分解成几个大的功能部分,标注它们的相对位置尺寸,再将每个功能部分按局部构形分析和形体分析,认真细致地、逐个形体地标注它们的定形尺寸和定位尺寸。这种方法能保证将零件图的尺寸标注完全。这里要着重指出,尺寸标注的完全与否是个能力问题必须重视。

2. 清　晰

所谓清晰,就是说图上标注的尺寸,必须安排得清楚得当。尺寸数字必须标注得清晰易认,不允许有模糊不清的现象。尺寸标注得不清楚,会给看图带来很大的困难。更重要的是,尺寸标注得不清楚,容易在生产上造成错误。

图 4-56 所示是尺寸标注的对照图例,同样的零件,图 4-56(a)标注得杂乱无章,而图 4-56(b)标注得井井有条,清晰分明,它们的差别主要有下面几点:

- 应该尽可能把尺寸标注在图形外面。
- 应该由小到大、由里向外安排尺寸,即先标注小尺寸、内部尺寸,再标注大尺寸、外部尺寸,特别要注意尺寸线与尺寸线之间的间隔,应该约 7~10 mm。这样才能标注得清晰。

● 内部尺寸与外部尺寸分别标注在图形的两侧,如图 4-56(b)所示,所有的内部尺寸孔深都标注在下方,而零件的外形长度、高度都标注在上方。这样标注一目了然,起到非常好的效果。

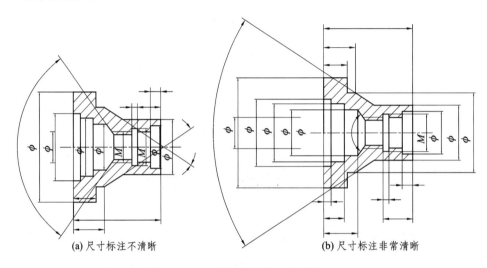

(a)尺寸标注不清晰　　　　　　　(b)尺寸标注非常清晰

图 4-56　尺寸标注清晰正误对比(一)

图 4-57 是另一个尺寸标注的例子。图 4-57(a)中尺寸标注时,尺寸线与尺寸界线不合理的交叉,使图形非常不清晰;而图 4-57(b)标注时,注意尺寸界线与尺寸界线合理的交叉,使图形保持清晰。图 4-58 说明直径尺寸应避免标注在同心圆的视图上。

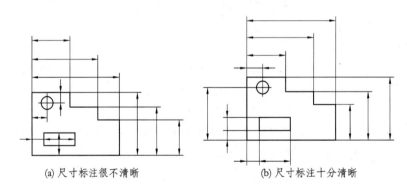

(a)尺寸标注很不清晰　　　　　　(b)尺寸标注十分清晰

图 4-57　尺寸标注清晰正误对比(二)

图 4-58 说明通常把圆柱的直径标注在非圆的视图上。如图 4-58(a)所示,其圆形视图实际上可以不画。图 4-58(b)中把圆柱直径都标注在同心圆上,给看图增加很大困难,此种拙劣注法应该避免。

严格遵守国家标准"尺寸标注"的规定,将使尺寸标注得清楚易认,这是尺寸标注清晰的关键。因此,在标注尺寸时,应参考第 1 章尺寸部分,特别是学会国家标准中规定简化注法,运用这种注法将使图形更显清晰。

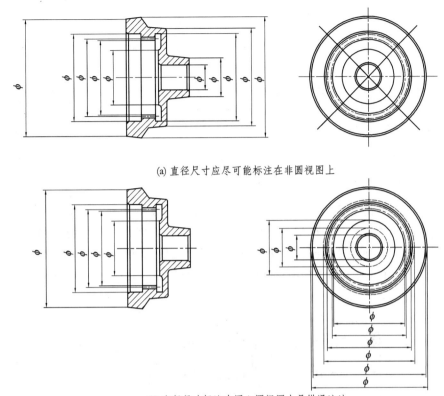

(a) 直径尺寸应尽可能标注在非圆视图上

(b) 直径尺寸标注在同心圆视图上是错误注法

图 4 - 58　空心圆柱直径的标注

3. 合　理

合理就是说尺寸应标注得合乎设计和工艺要求。在讲平面图形和组合体时,已经涉及尺寸标注的基准问题,这是最基本的合理。下面两节将讲述结构设计与尺寸标注、尺寸与工艺。

4.6.2　尺寸与结构设计

所有零件都不是孤立存在的,它总要与其他零件装配在一起,构成一个装配体。因此,从构形上看,零件的形状与大小必须满足零件间的装配关系。这种关系主要有配合、连接、传动及协调等。而在标注零件尺寸时,必须保证零件间的这种装配关系。

1. 配合尺寸

所谓配合是指两个零件装配在一起,依靠其基本尺寸相同来保证相互配合的装配关系。这时,它们的基本尺寸称为配合尺寸。常见的配合有圆柱配合、锥度配合和长度配合,如图 4 - 59 所示。

图 4 - 59(a)中柱塞在孔内转动或沿轴方向作往复运动,所以它们的直径,即配合尺寸必须相同,均为 $\phi20$。图 4 - 59(b)为一活门,依靠其锥顶角相同,即锥轴和锥孔的锥顶角均为 60°,保证活门处于关闭状态。这是锥度配合,60°是锥度配合尺寸。图 4 - 59(c)中,滑块与槽沿垂直于纸面的方向作往复相对运动,所以它们的长度必须相同。这是长度配合,20 即为长度配合尺寸。

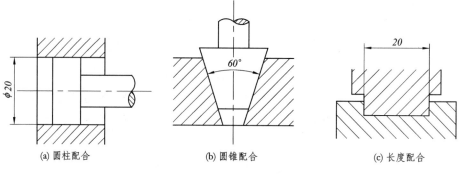

(a) 圆柱配合   (b) 圆锥配合   (c) 长度配合

图 4-59   三种不同的配合

图 4-60 是常见的普通滑动轴承的配合尺寸图例。从图上可以看出,轴承盖上的孔径 $\phi55$ 与上轴瓦的轴径 $\phi55$ 是圆柱配合尺寸;而轴承盖上的宽度 40 与上轴瓦上的宽度 40 是长度配合尺寸。它们必须尺寸相同才能保证正确的装配关系,上轴瓦中有半个圆柱,但加工时与下轴瓦一起加工,所以为了加工和测量方便,应标注直径 $\phi55$,而标注 $R27.5$,则是错误的。

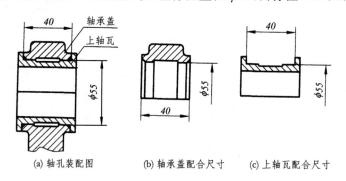

(a) 轴孔装配图   (b) 轴承盖配合尺寸   (c) 上轴瓦配合尺寸

图 4-60   圆柱配合与长度配合尺寸

图 4-61 是一滑轮支架,通过心轴和滑轮被支承在支架上,滑轮轮毂宽度 20、衬套宽度 20,与支架宽度 20 又是长度配合的另一个图例。从图中还可看出,心轴直径 $\phi15$、支架孔径 $\phi15$,与衬套内孔孔径 $\phi15$ 是圆柱配合尺寸。

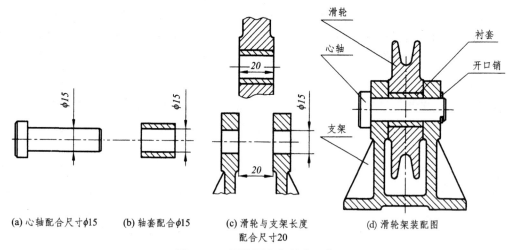

(a) 心轴配合尺寸$\phi15$ (b) 轴套配合$\phi15$ (c) 滑轮与支架长度   (d) 滑轮架装配图
                                                    配合尺寸20

图 4-61   圆柱配合与长度配合

图 4-62 中,齿轮的齿顶圆直径 $\phi 60$,应与壳体放置齿轮的孔 $\phi 60$ 相同,小轴直径 $\phi 15$,应与壳体的 $\phi 15$ 孔直径相同。此外,齿轮厚度 20.5,应与壳体上齿轮孔深度 20 加上密封垫片厚度 0.5 尺寸相等,即 20.5＝20+0.5。这样才能保证正确的装配关系。

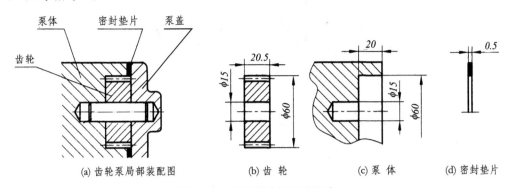

(a) 齿轮泵局部装配图　　(b) 齿轮　　(c) 泵体　　(d) 密封垫片

图 4-62　圆柱配合与长度配合

有时长度配合情况比较复杂,它由许多零件的某段长度组成。这些长度尺寸排列起来,满足一定的配合关系,如图 4-63(a)所示。从图中可以看出,端盖Ⅰ和壳体Ⅱ的基本尺寸 $A+B$ 应等于衬套Ⅲ、轴Ⅳ、衬套Ⅴ的基本尺寸 $C+D+E$。通常把这种成串排列满足一定装配关系的尺寸,称为装配尺寸链,简称尺寸链,如图 4-63(b)所示。把尺寸链中的每一段尺寸,如图中的 $A,B,\cdots,E$,称为尺寸链的一个环。

当单独标注图 4-63 中每个零件的尺寸时,应首先标注尺寸链各环的尺寸。例如,在标注端盖的尺寸时,首先应标注尺寸 A,以保证配合的顺利进行。

由于这些尺寸须满足一定的设计要求,所以是设计尺寸。又由于它们都是从设计要求出发标注的尺寸,因此也可以说是由设计基准标注尺寸。从工艺的角度看,图 4-63 中的尺寸 A 标注得很不合理,因为它不便于加工与测量,或者说它不是由工艺基准标注尺寸。这里要强调指出,在标注零件图的尺寸时,一些重要的设计尺寸,应该按设计基准标注尺寸,即使这种注法给工艺带来很大的不便,此时工艺要求也应服从于设计要求。

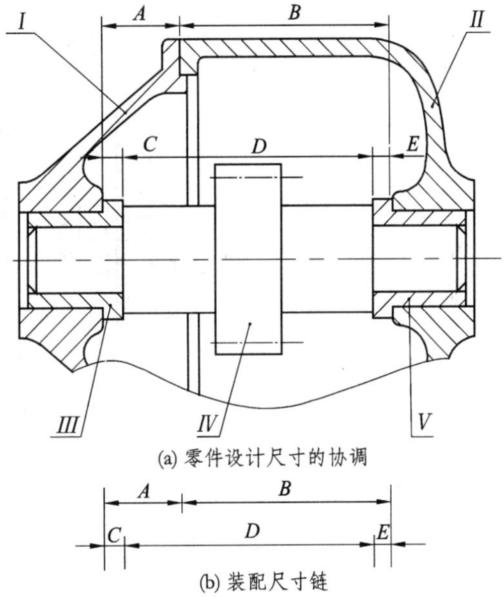

(a) 零件设计尺寸的协调

(b) 装配尺寸链

图 4-63　按设计基准标注尺寸

2. 协调尺寸

有时零件间的尺寸并不一定要求相互配合,但却要求相互协调,以图 4-64 的滑轮支架为例,为使心轴在轴向定位,采用了开口销。这样,心轴上开口销孔的中心位置必须按设计基准标注 L_1,且 L_1 必须略大于支架宽度 L_2 与开口销孔的半径之和,即 $L_1 > L_2 + \phi/2$,如图 4-64 所示。若 $L_1 = 20$,$L_2 = 18$,开口槽直径 $\phi 2$,则 20>18+1,所以尺寸能很好协调。

图 4-65 说明为了保证齿轮可靠的轴向定位,齿轮的宽度 L 与轴颈的长度必须协调,即 $L_2 > L_1$,如图(a)为正确,图(b)为不正确。

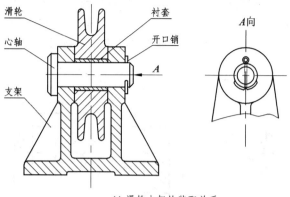

(a) 滑轮支架的装配关系

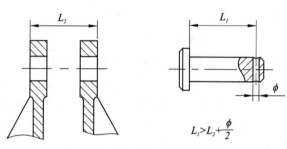

$$L_1 > L_2 + \frac{\phi}{2}$$

(b) 心轴与支架、开口销尺寸的协调

图 4 - 64　零件间尺寸的协调

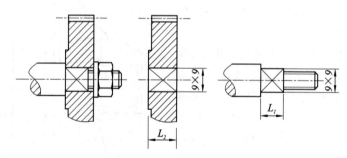

(a) $L_1 < L_2$，正确的尺寸协调

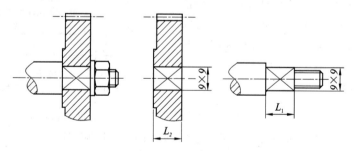

(b) $L_1 = L_2$，不正确的尺寸协调

图 4 - 65　零件间尺寸的协调

4.6.3　尺寸与加工工艺

在标注零件图的尺寸时,除少量设计尺寸必须满足零件间的配合与协调关系之外,其余大多数尺寸,应尽可能标注得符合加工要求,即应使图上标注的尺寸在制造、检验和测量时方便,或按工艺基准标注尺寸。如果尺寸标注得脱离实际,不符合加工要求,则会造成人力、物力和时间等方面的浪费。

(1) 按加工过程标注尺寸

在加工过程中,首先是要准备毛坯,所以应标注出零件的毛坯尺寸或总体尺寸,以便估料、下料或对零件的大小有一个总的概念,如图 4 - 66 所示。图 4 - 66(a)中的六棱柱,应标注扳手宽度尺寸 19,但为了估计该用多大棒料可加工此六棱柱,还应标注参考尺寸 21.9。图 4 - 66 (b)是一个简单的轴,必须标注总长尺寸 122,以便下料或估料。图 4 - 66 (c)是一个板料零件,通常应画出展开图并标注展开尺寸,以便下料。

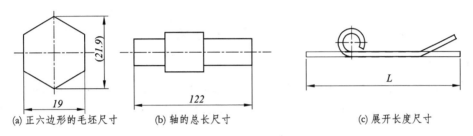

(a) 正六边形的毛坯尺寸　　　　(b) 轴的总长尺寸　　　　　(c) 展开长度尺寸

图 4 - 66　标注毛坯尺寸

在加工过程中,会有不同的阶段,如铸、锻后再经机械加工。因此,对不同工种所需的尺寸,最好分别标注,以利于看图。例如,对铸造后经机械加工的零件,铸造与机械加工所需的尺寸可分别标注,如图 4 - 67 所示。其中,图 4 - 67(a)为不正确注法。这种注法,当加工右端面时,由于铸造误差,要同时满足 20,100 和 108 是困难的。图 4 - 67(b)为正确注法,其中 88 和 8 为铸造尺寸,铸造面只应有一个尺寸 20 与加工基准相联系。

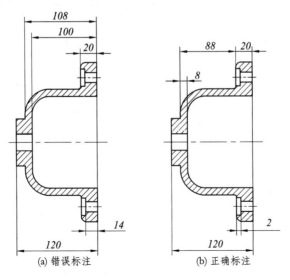

(a) 错误标注　　　　　　　(b) 正确标注

图 4 - 67　铸造尺寸与机械加工

图 4 - 68 中的零件,在加工过程中,为了加工小孔,钻头应该从孔中下去,所以图 4 - 68(a)的尺寸 9 和 45°正好给出钻头的位置,是正确的;而图 4 - 68(b)中虽然也给出 45°,但是给出与垂直方向的角度,而尺寸 3 对确定钻头的位置没有作用,或说根据尺寸 3 不知如何下钻头来钻这个孔,所以是错误的。

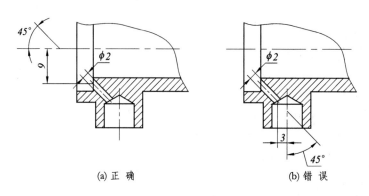

(a) 正 确   (b) 错 误

图 4 - 68 尺寸与工艺

(2) 按加工顺序标注尺寸

按加工顺序标注尺寸,对于选择基准,直接测量,避免尺寸换算都是非常方便的,因此是很好的标注尺寸方法,所以零件上除非有特殊设计要求的尺寸外,其余的尺寸均应按加工顺序标注尺寸。

例 4 - 1 阶梯轴尺寸标注。

图 4 - 69(a)是一个典型阶梯轴,图 4 - 69(b)是其尺寸标注图。从图中可看出,它以右端面为基准标注尺寸,这是正确的,因为它符合加工顺序。

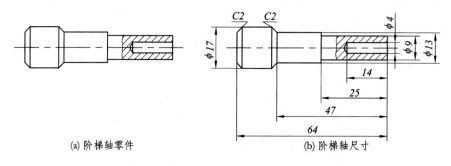

(a) 阶梯轴零件   (b) 阶梯轴尺寸

图 4 - 69 阶梯轴的尺寸标注

图 4 - 70 是其加工顺序图。第一步,先加工 $\phi17$ 和总长 64;第二步,以右端面为基准加工 $\phi13$ 和 47;第三步,加工 $\phi9$ 和 25;第四步,从右端面钻孔 $\phi4$ 和 14;第五步,加工左端面及倒角并切断。整个过程清晰可见。

图 4 - 71 是个错误注法,它以左端面为基准。如果按图 4 - 71 那样标注尺寸,则不符合加工顺序,不仅要进行尺寸换算,而且增加了加工和测量的难度。

例 4 - 2 阶梯轴的尺寸标注。

图 4 - 72(a)是另一阶梯轴零件。与例 4 - 1 不同的是,这个轴以两端面为基准标注尺寸。图 4 - 72(b)是其标注尺寸图。

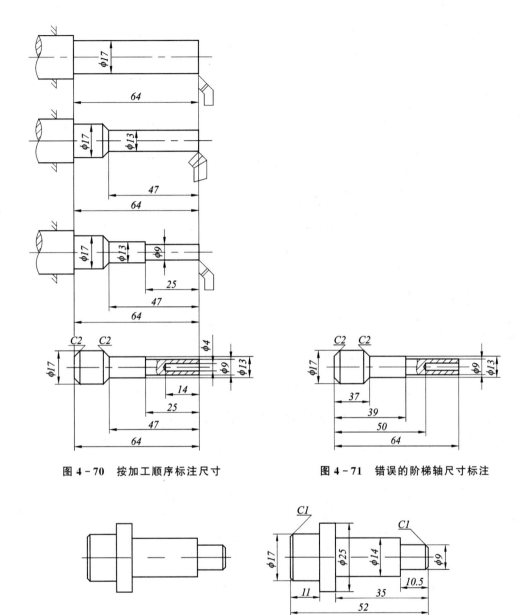

图 4 - 70 按加工顺序标注尺寸   图 4 - 71 错误的阶梯轴尺寸标注

(a) 阶梯轴零件   (b) 阶梯轴尺寸

图 4 - 72 阶梯轴尺寸标注

图 4 - 73(a)是其加工顺序图。第一步下料,先以左端面为基准车成 $\phi 25$ 长 52;第二步以右端面为基准,车出 $\phi 14$ 长 35;第三步仍以右端面为基准,车出 $\phi 9$ 长 10.5,并车倒角 $1 \times 45°$;第四步调头,以左端面为基准,车出 $\phi 17$ 长 11,并车倒角 $1 \times 45°$。至此整个轴加工完毕。中间一段长度为 6 不必标注(它最后自然形成),否则会成封闭尺寸,属多余尺寸。图 4 - 73(b)和图(c)是两个常见错误标注方法。图 4 - 73(b)虽然排列整齐,但它是错误的;图 4 - 73(c)基准选择错误。

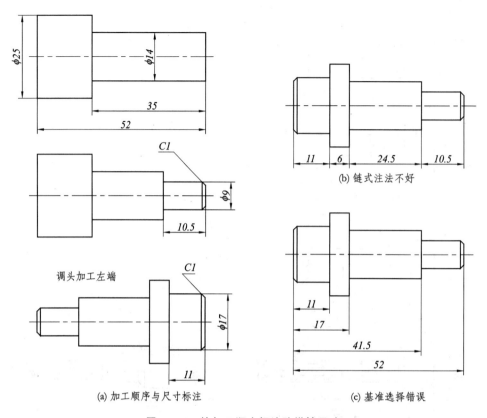

(a) 加工顺序与尺寸标注

(b) 链式注法不好

(c) 基准选择错误

图 4-73 按加工顺序标注阶梯轴尺寸

例 4-3 阶梯孔尺寸标注。

图 4-74(a)是个典型的阶梯孔;图(b)是其标注尺寸图。

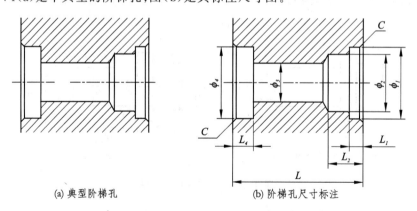

(a) 典型阶梯孔

(b) 阶梯孔尺寸标注

图 4-74 典型阶梯孔尺寸标注

图 4-75 是其加工顺序图。从图(a)中可以看出,它也是以两端为基准标注尺寸,中间一段仍为自然形成,不必标注尺寸,也不能标注尺寸,因为它无法测量。

图 4-75(b)和(c)是常见阶梯孔尺寸注法的错误。图 4-75(b)为链式注法,显然这种注法不符合加工顺序,尺寸 A 无法测量。图 4-75(c)都以左端面为基准标注,显然也是错误的,中间标有 A 的两个尺寸,均无法直接测量。

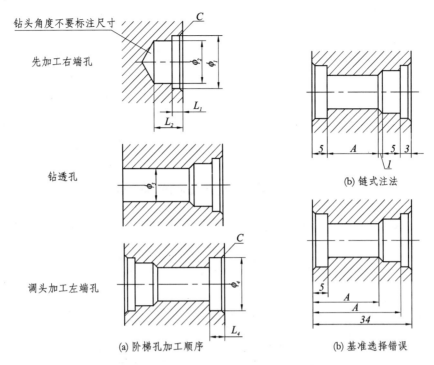

图 4-75　按加工顺序标注阶梯孔尺寸

例 4-4　圆锥轴和圆锥孔的尺寸标注。

对于非配合的圆锥轴和孔的尺寸标注,可简单地标注其大小端的直径,以及锥轴长度和锥孔深度,如图 4-76 所示。

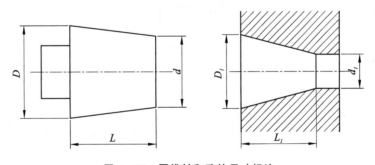

图 4-76　圆锥轴和孔的尺寸标注

① 对于需要配合的圆锥轴和圆锥孔,锥度或锥顶角是配合尺寸必须标注,因此从锥度 $2\tan\alpha = (D-d)/L$ 中,只要 α 角已知,即 D、d 和 L 三个尺寸中,只需再标注两个即可,一般情况下 L 是要标注的,所以只能在 D 和 d 中任选其一,因此就要根据加工顺序,选择是标注大端直径或小端直径。

② 从图 4-77 中可以看出,对于有配合的锥轴,应标注锥度、L 和大端直径 D,再根据要求的锥度加工成锥。这时,小端直径是自然形成,当然就无须标注其尺寸了。对于有配合的圆锥孔,应该标注锥度、L 和小端直径 d,因为加工锥孔时,必须先加工出小端直径 d 的圆柱孔,然后再根据锥度扩成圆锥孔。这时大端直径自然形成,当然就无须标注其尺寸了。

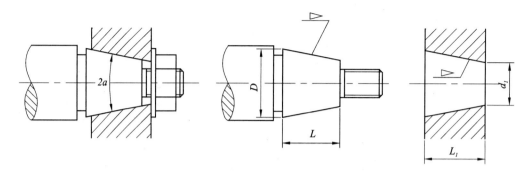

图 4-77　要求配合的锥轴和锥孔的尺寸标注

③ 有时标注尺寸要考虑加工和测量的方便,特别是要便于直接测量。为此,应尽可能从实际存在的基准面标注尺寸,在图 4-78 中,标有尺寸 A 的图都是不好的或错误的注法。因为尺寸不便于测量,所以图中无尺寸 A 的图都是好的或正确的尺寸注法。

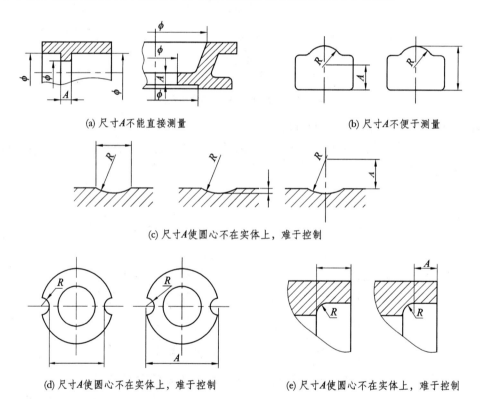

(a) 尺寸A不能直接测量　　　　　　　　(b) 尺寸A不便于测量

(c) 尺寸A使圆心不在实体上,难于控制

(d) 尺寸A使圆心不在实体上,难于控制　　(e) 尺寸A使圆心不在实体上,难于控制

图 4-78　与测量有关的尺寸标注

④ 注出刀具直径及其行程尺寸以供参考,如图 4-79 所示。

图 4-79(a)中的尺寸 L 是从实际存在的表面标注尺寸,便于测量,也是设计要求的尺寸,因为它要保证能够放下螺母和垫圈。铣刀直径 $\phi55$ 可大可小是个参考尺寸。图 4-79(b)中,铣刀行程 L 是个设计尺寸,因为它是花键的有效长度,只要有效长度保证了,铣刀的直径可大可小,是个参考尺寸。

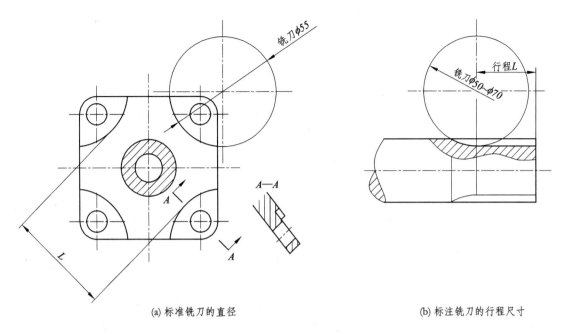

(a) 标准铣刀的直径　　　　　　　　　　　　(b) 标注铣刀的行程尺寸

图 4 - 79　尺寸与刀具

⑤ 对于一些装配后再一起加工的零件,在画零件图时,可以不画,如果画时,标注尺寸须加说明,如图 4 - 80 所示。

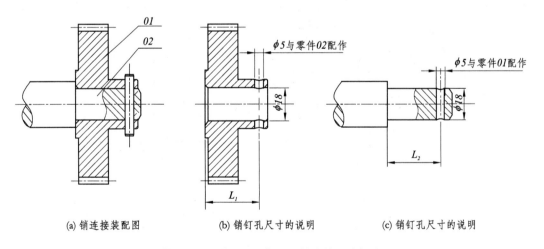

(a) 销连接装配图　　　　(b) 销钉孔尺寸的说明　　　　(c) 销钉孔尺寸的说明

图 4 - 80　装配后一起加工的零件尺寸标注

(3) 标注零件图尺寸的步骤

从上两节的讲述中可以看出,零件上有少量尺寸必须与其他零件配合协调,是重要尺寸,必须直接标注,或者说必须按设计基准标注。除此之外,零件上大量尺寸应该尽可能标注得符合工艺要求,便于加工、安装与测量,因此标注零件图尺寸的步骤如下:

① 从装配体或装配图上弄清该零件与其他零件的装配关系,找出零件上的设计尺寸及需要与其他零件协调的尺寸,以便直接标注。

② 对零件进行构形分析。先将零件分成几个大的功能结构部分,然后再对每个功能结构部分进行局部构形和形体分析,了解它们的形状,并分析成形的原因。

③ 考虑零件的加工顺序,特别是某些局部形状的形成原因,找出合理的尺寸标注方式。

④ 标注零件各结构部分的相对位置尺寸(这些尺寸都比较重要)。

⑤ 标注每一结构部分中各形体的定位尺寸及大小尺寸,建议:先注定位尺寸,后注大小尺寸,因为定位尺寸容易被遗漏;先注内部尺寸,后注外部尺寸,这样对尺寸的安排有利,因为内部尺寸往往必须注在剖视图的外面。

⑥ 按照标注尺寸的步骤进行认真检查:尺寸的配合与协调,尺寸是否符合工艺要求,是否遗漏了尺寸,是否还有多余的重复尺寸。

必须指出:标注尺寸时,最忌不研究零件的构造、作用和工艺情况,不作认真细致地分析,没有按照一定的方法和步骤去标注尺寸,缺乏条理,心中无数,结果遗漏了大量尺寸,出现了不少重复尺寸。这是缺乏能力的表现。下面是两个典型航空零件的尺寸标注图例。

例 4 - 5 壳体零件。图 4 - 81 是个航空上某个传动装置的壳体零件图。其内部装有一蜗杆(竖放)与一蜗轮。因此,壳体零件内部空腔和将此空腔紧凑包容起来的外形为工作部分,空腔外部的四个孔是壳体与壳盖连接的螺栓通过孔,装蜗杆孔的下部的一个方盘及其上的四个螺栓通过孔是壳体与电动机的连接部分,最后在主视图上可看到左右两耳片及其上的两个通过孔,是整个传动装置安装到机器上用的安装孔。图 4 - 82 是其标注尺寸后的零件图(不包括公差)。

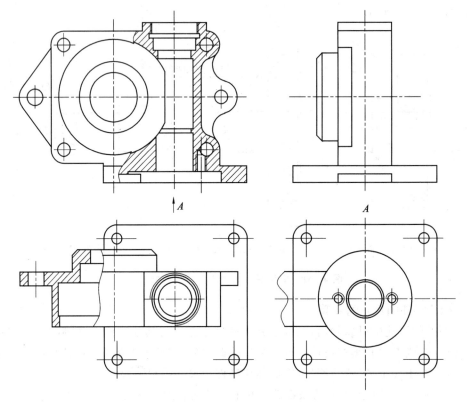

图 4 - 81 壳体零件图(构形分析)

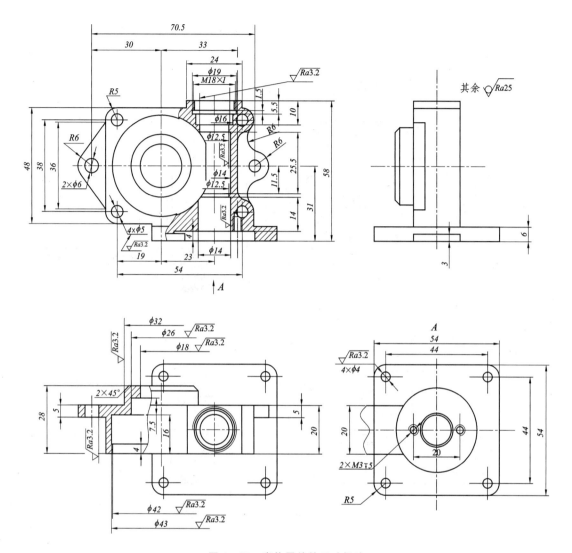

图 4-82　壳体零件的尺寸标注

标注此壳体零件尺寸的步骤如下：

① 标注重要设计尺寸,此零件的两交叉孔的轴心距是重要尺寸。

② 标注工作部分尺寸,如图 4-83 所示。

③ 标注连接部分尺寸,如图 4-84 所示。

④ 标注安装部分尺寸,如图 4-85 所示。

⑤ 将整个图的尺寸检查一遍,看是否有遗漏不清晰或基准错误,改正或补充后如图 4-82 所示。

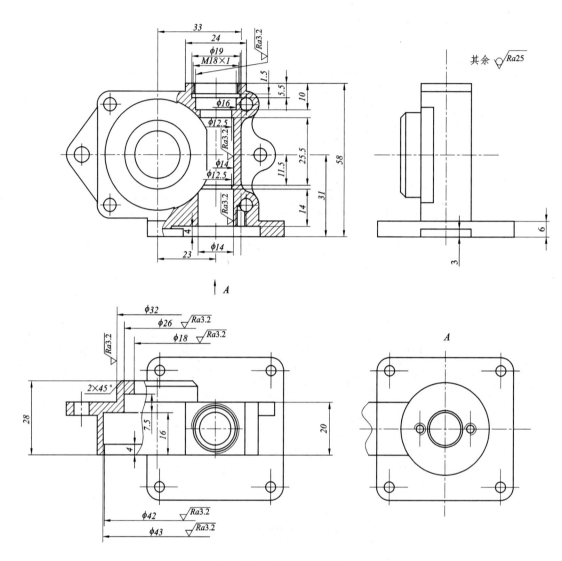

图 4-83 标注工作部分尺寸

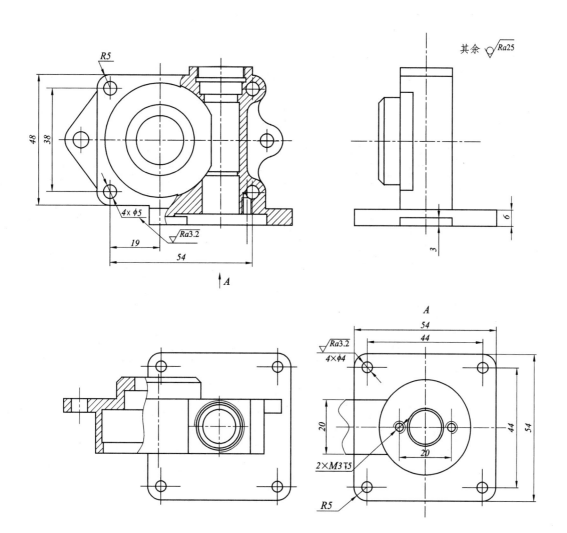

图 4-84 标注连接部分尺寸

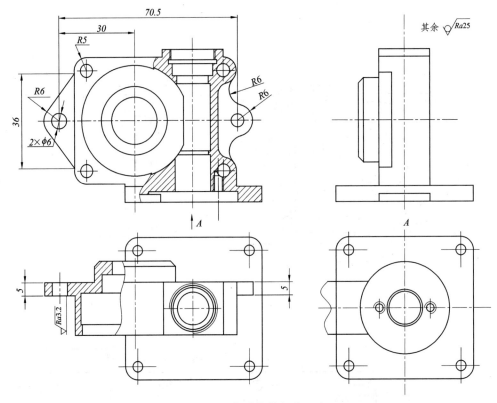

图 4-85 标注安装部分尺寸

例 4-6 摇臂。图 4-86 是飞机上某一操纵系统中的一个典型摇臂零件图。整个零件都是工作部分。它由两个部分组成：一个是主动部分，一个是被动部分。图 4-87 是其尺寸标注后的零件图(不包括公差)。

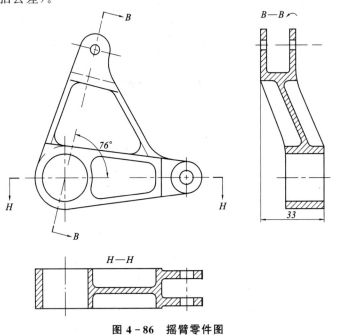

图 4-86 摇臂零件图

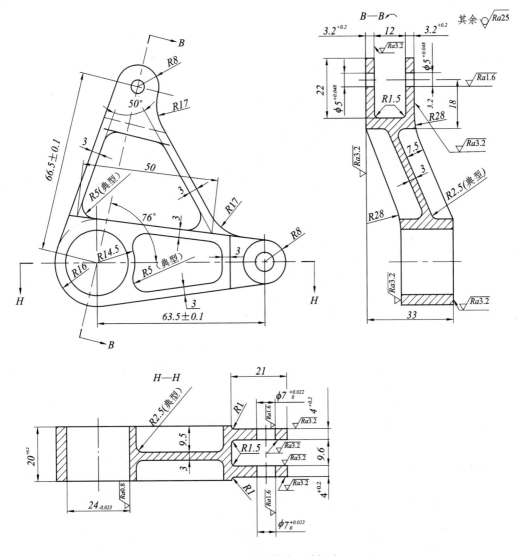

图 4 - 87　摇臂零件尺寸标注

本零件标注尺寸的步骤如下：

① 标注重要设计尺寸。本零件即主动部分与被动部分之间的夹角和轴的偏距（在侧视图），如图 4 - 88 所示。

② 标注主动部分的尺寸，如图 4 - 89 所示。

③ 标注从动部分的尺寸，如图 4 - 90 所示。

④ 按标注尺寸的步骤，重新检查一次，看是否有遗漏尺寸、重复尺寸，或者标注不够清晰、基准错误等，经补充和改正后如图 4 - 87 所示。

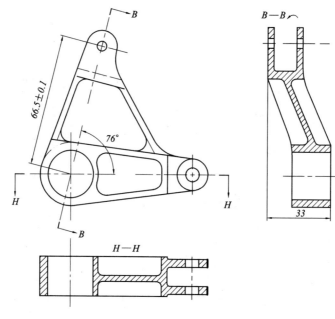

图 4-88　标注重要设计尺寸

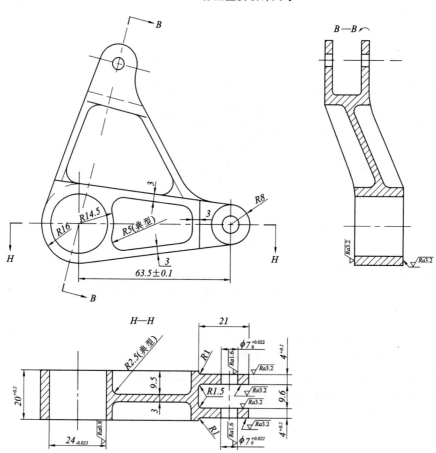

图 4-89　标注主动部分尺寸

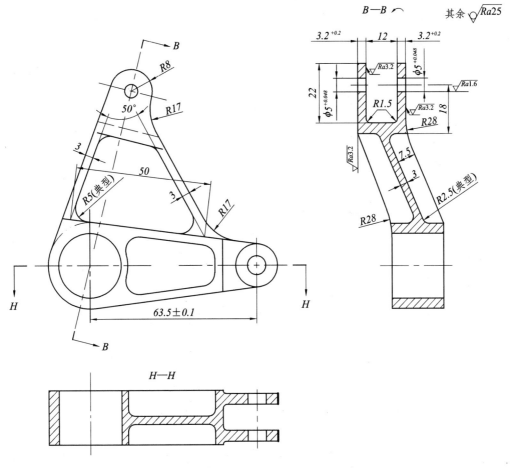

图 4-90　标注被动部分尺寸

4.7　零件测绘

当需要仿制式维修机器时,有时必须对实际零件进行测绘,即根据零件的实物绘制其零件草图,必要时还要绘制其零件图或装配图。按照这些图生产出零件或甚至整个机器。

4.7.1　零件测绘的方法与步骤

进行零件测绘的方法和步骤如下:

① 构形分析　在具体测绘之前,应先对零件的功能、结构及形状进行分析,特别是要深入细致地观察零件各部分的形状及工艺结构等,为零件的表达及绘图做好充分的准备。

② 视图选择　选择主视图,并确定所需的其他视图以及视图上应作哪些剖视等,并作好图面布置。

③ 绘制草图　根据目测和判断零件各部分的形状大小,按比例徒手绘制零件草图。

④ 测量尺寸,并填写在图纸上。

⑤ 根据实物和装配关系查阅相关资料,注写零件的表面粗糙度、尺寸公差等技术要求。

4.7.2　徒手绘制草图的方法

1. 直线的画法

直线要力求画直,水平线一般应从左向右画,垂直线由上向下画,如图 4 - 91(a)所示。比较长的直线可以由几段连接而成,但不要来回涂抹,如图 4 - 91(b)中的错误画法。

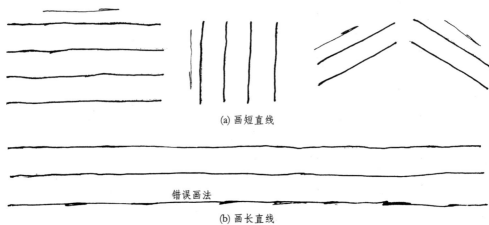

(a) 画短直线

错误画法

(b) 画长直线

图 4 - 91　直线的画法

2. 直线等分的画法

将直线分成几段相等的线段是画草图常遇到的问题,方法如图 4 - 92 所示。从图中可以看出:画 4 等分时,先作 2 等分,然后作 4 等分;画 3 等分时,先分成 1∶2,然后再完成 3 等分;画 5 等分时,先分成 3∶2,再将 3 和 2 细分,最后分成 5 等分;画 6 等分时,可先分成 2 等分,再将两半各分成 1∶2,最后分成 6 等分。

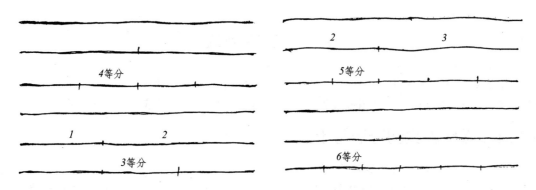

图 4 - 92　直线的等分

应善于观察零件各部分形状和大小,然后利用大致的比例画图,如图 4 - 93 所示。从实物上大致可以判断:ϕA 的长度 OA 大约为全长的 $\frac{2}{3}$,而 ϕB 的半径约 $\frac{2}{3}OA$,内孔的半径略大于 $\frac{1}{2}\phi B$。有了这个基本判断,可以很快画出该零件的草图。其绘图过程如图 4 - 93 所示。

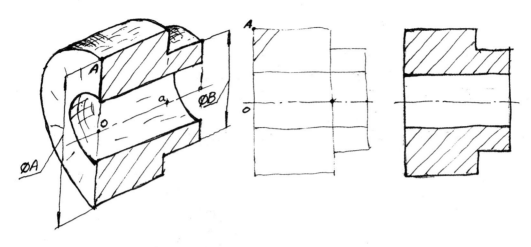

图 4 - 93　观察比例画图

3. 徒手画圆的方法

对于直径较小的圆可以用一笔或两笔勾出,如图 4 - 94(a)所示。对于稍大的圆,可以先画出两中心线,并在其上各取直径的两个端点,然后过 4 点轻轻勾出整圆,最后描粗即可,如图 4 - 94(a)右下图所示。对于较大的圆,可以再加过圆心的 45°斜线,在斜线上各取两点,最后通过八个点画圆、描粗即可,如图 4 - 94(b)所示。

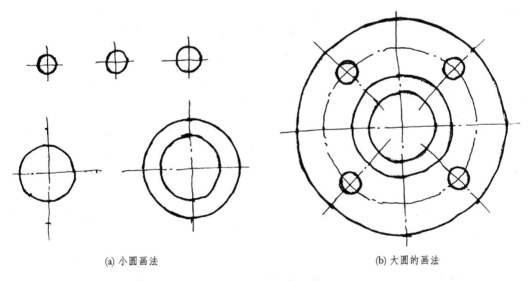

(a) 小圆画法　　　　　　　　　　　　　　(b) 大圆的画法

图 4 - 94　圆的草图画法

图 4 - 95 是一个绘制简单轴承座草图的例子。从图(b)中可以看出圆柱与底板的大致比例;圆柱中心高度 H 略大于圆柱直径 ϕ_1,底板的厚度 h 约为圆柱 ϕ_1 半径的 2/3。此外,底板的伸出部分 ab 约为(3/4)ϕ_1,底板宽度 bc 约等于 ab,而加强筋板宽度约为 6 mm。有了这些大致相对比例,就可以很容易地勾画出这个零件的三视图,如图(a)所示。

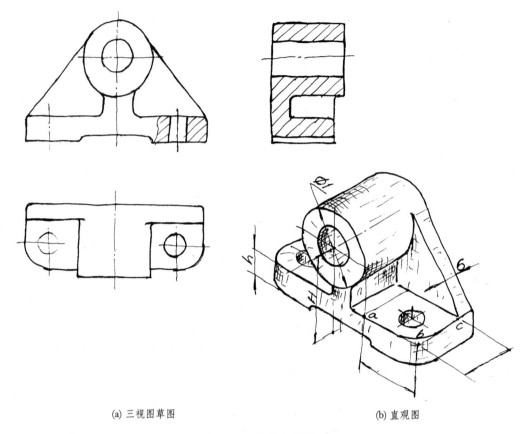

(a) 三视图草图   (b) 直观图

图 4 - 95　轴承座草图

4.7.3　零件尺寸的测量

　　零件上的尺寸,多数可通过简单通用工具直接测量得到,有些则必须通过间接测量求得。零件上的某些标准基素,如螺纹直径、螺距、齿轮分度圆直径及模数等必须通过测量、查表,甚至计算求得。一些不规则的图形甚至要通过拓印、描制,然后借助于绘图仪器找出各部分的尺寸。下面是尺寸测量图例:

　　① 直接测量的尺寸　　用内卡钳、外卡钳、钢板尺和游标卡尺可以直接测量一般的线性尺寸,如图 4 - 96 和图 4 - 97 所示。

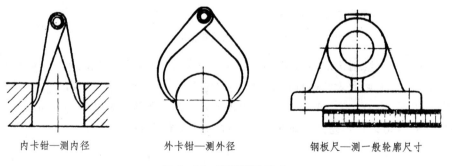

内卡钳—测内径   外卡钳—测外径   钢板尺—测一般轮廓尺寸

图 4 - 96　直接测量尺寸

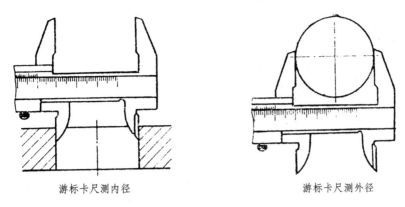

游标卡尺测内径　　　　　　　　　　游标卡尺测外径

图 4 - 97　直接测量尺寸

　　② 间接测量的尺寸　当无法直接测量时,可以通过间接测量,并经简单计算即可得到所需尺寸,如图 4 - 98 和图 4 - 99 所示。

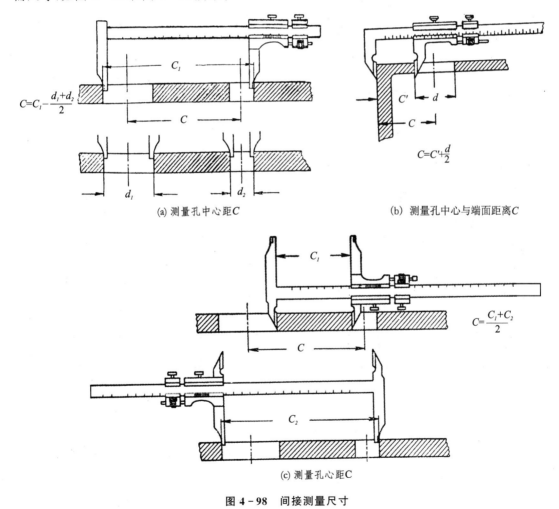

$$C = C_1 - \frac{d_1 + d_2}{2}$$

(a) 测量孔中心距 C

$$C = C' + \frac{d}{2}$$

(b) 测量孔中心与端面距离 C

$$C = \frac{C_1 + C_2}{2}$$

(c) 测量孔心距 C

图 4 - 98　间接测量尺寸

　　③ 复杂图形的测量　一些底座和连接法兰盘等的形状呈规则或不规则形状时,可以通过直接拓印,然后由绘图仪器近似地将其画出,如图 4 - 100 所示。

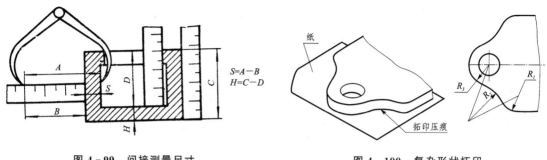

图 4-99　间接测量尺寸　　　　　　　　图 4-100　复杂形状拓印

4.7.4　典型零件草图测绘图例

例 4-7　图 4-101 为一简单轴套,因为标注直径符号 ϕ,所以只需一个视图即可。用局部放大图表示螺纹退力槽的局部结构,以便标注尺寸,但因是草图,没有说明放大比例。

例 4-8　图 4-102 为一简单端盖,因为有六角形部分(螺纹装拆的结构对),所以采用两视图。

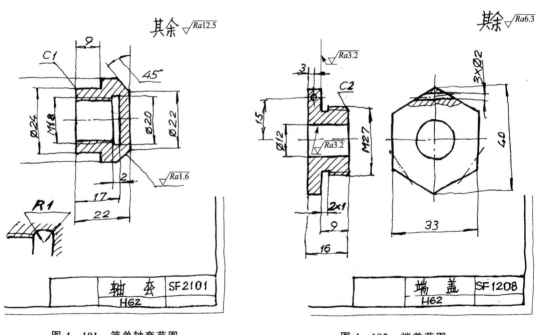

图 4-101　简单轴套草图　　　　　　　　图 4-102　端盖草图

例 4-9　图 4-103 为一简单轴类零件,采用一个视图加两个断面图和一个局部放大图。

例 4-10　图 4-104 是壳体零件草图图例。它是个控制阀的阀体,铸造零件,内外表面多数不加工。为了表示其内部形状,主视图采用了全剖视,左侧视图和俯视图均采用了局部剖视,以便确切表示其内部结构。A—A 断面图表示其加强筋板的形状。

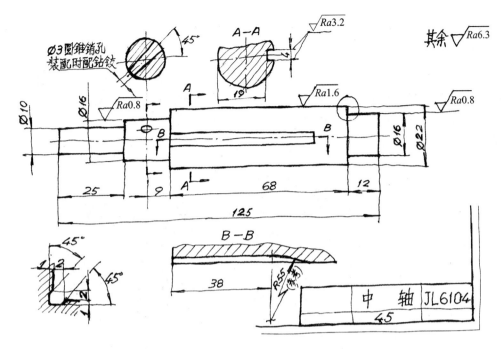

图 4-103　轴类零件草图

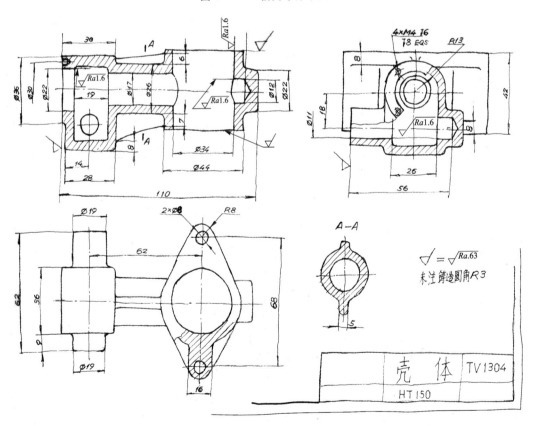

图 4-104　壳体零件草图

4.7.5 轴测草图

　　轴测草图比零件草图更难绘制,因为它必须度量定位和定向的相对关系,并且要判断形体之间的遮挡关系,因此,没有很强的空间想像力是很难正确地绘制轴测草图的。但轴测草图能很好和快捷地表达设计师的思想和意图,这对于工程技术问题的交流,毫无疑问会有很大益处。图 4 - 105 是一个在三个方向都不对称的导弹操纵机构壳体零件的轴测草图。图 4 - 106 是某机器部件的一个局部轴系装配图。为了增强立体感,图上加了阴影,有时把这种图称为工程素描。

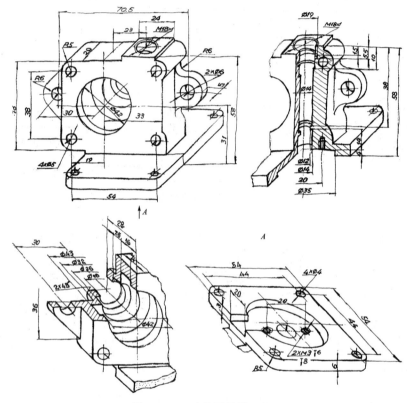

图 4 - 105　壳体零件轴测草图

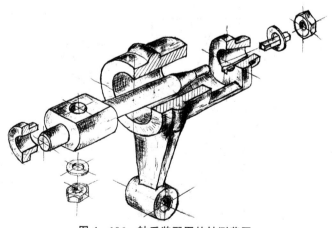

图 4 - 106　轴系装配图的轴测草图

4.8　简化尺寸表示法

在国家标准技术制图 GB/T 16675.2—2012 中,规定了一些尺寸标注的简化表示法,在保证不引起误解或理解的多意性的情况下,应力求制图简便,采用简化表示法,并尽可能使用规定的符号和缩写词。这样不仅便于制图,而且有利于识图,给设计和生产带来很大方便。表 4-8 是简化尺寸表示法。表 4-9 是简化表示法举例。

表 4-8　简化尺寸表示法

简化后		简化前	说　明
4×φ4 ⊤10	4×φ4 ⊤10	4×φ4	
4×φ4H7 ⊤10 孔⊤12	4×φ4H7 ⊤10 孔⊤12	4×φ4H7	采用旁注和深度符号⊤简化标注
3×M6-7H	3×M6-7H	3×M6-7H	
3×M6-7H ⊤10	3×M6-7H ⊤10	3×M6-7H	
3×M6-7H ⊤10 孔⊤12	3×M6-7H ⊤10 孔⊤12	3×M6-7H	

续表 4 - 8

简化后		简化前	说　明
6×φ7 ⌵φ13×90°	6×φ7 ⌵φ13×90°	90° φ13 6×φ7	采用旁注和沉头埋孔符号∨简化标注
8×φ7 ⊔φ12 ▼4.5	8×φ6.4 ⊔φ12 ▼4.5	φ12 4.5 8×φ6.4	采用旁注和沉孔符号⊔简化标注
4×φ8.5 ⊔φ20	4×φ8.5 ⊔φ20	φ20 锪平 4×φ8.5	用沉孔符号标注只需锪平平面而不需要孔深的情况

表 4 - 9　简化表示法举例

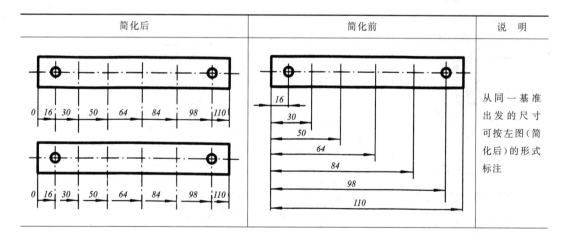

简化后	简化前	说　明
		从同一基准出发的尺寸可按左图(简化后)的形式标注

简化后	简化前	说　明

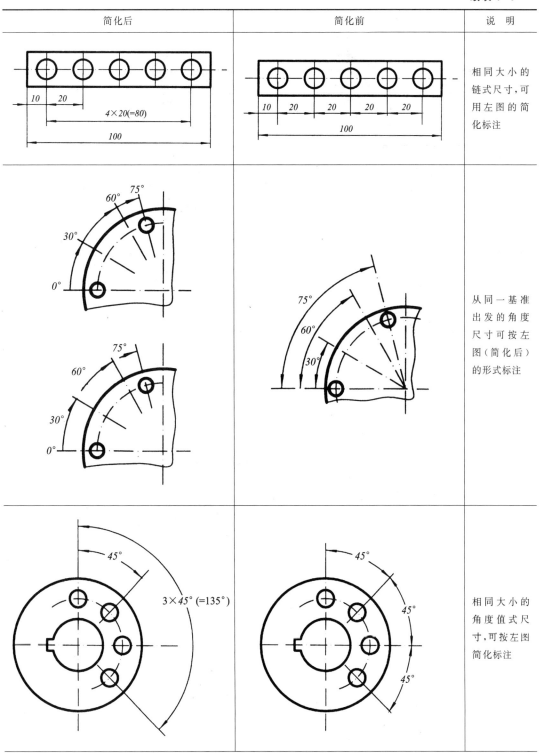

相同大小的链式尺寸,可用左图的简化标注

从同一基准出发的角度尺寸可按左图(简化后)的形式标注

相同大小的角度值式尺寸,可按左图简化标注

简化后	简化前	说　明
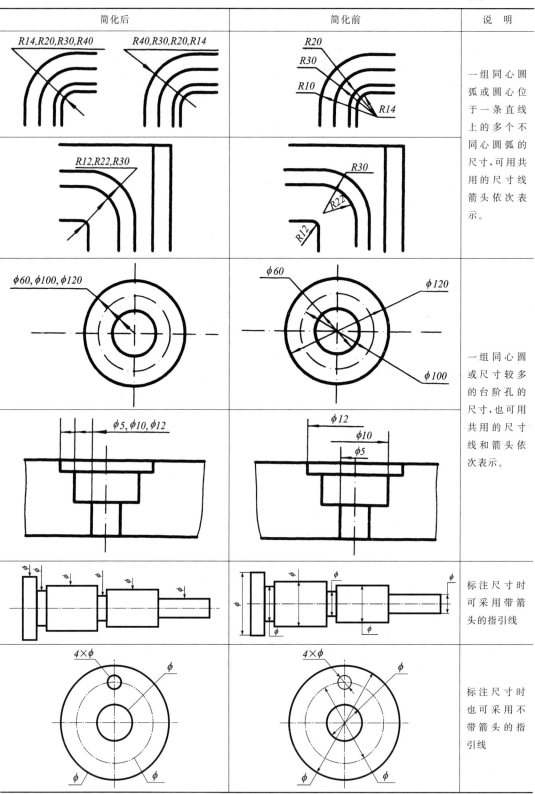		一组同心圆弧或圆心位于一条直线上的多个不同心圆弧的尺寸,可用共用的尺寸线箭头依次表示。
		一组同心圆或尺寸较多的台阶孔的尺寸,也可用共用的尺寸线和箭头依次表示。
		标注尺寸时可采用带箭头的指引线
		标注尺寸时也可采用不带箭头的指引线

第 5 章 标准件和常用件

机器的功能不同,其组成零件的数量、种类和形状等均不同。但有一些零件被广泛、大量地在各种机器上频繁使用,如螺钉、螺母、垫圈、齿轮、轴承及弹簧等。这些零件可称为常用件。为了设计、制造和使用方便,常用件的结构形状、尺寸、画法和标记等,有的已完全标准化了,有的部分标准化了,有的虽未标准化但已形成很强的规律性。完全标准化的称为标准件。在设计、绘图和制造时必须遵守国家标准规定和已形成的规律。

本章介绍这些常用件的结构、画法和标记方法。

5.1 螺纹及螺纹紧固件

5.1.1 螺纹的形成、结构和要素

1. 螺纹的形成和结构

在车床上车削螺纹,是常见的形成螺纹的一种方法。如图 5-1 所示,将工件装卡在与车床主轴相连的卡盘上,使它随主轴做等速旋转,同时使车刀沿轴线方向做等速移动,那么当刀尖切入工件达一定深度时,就在工件的表面上车制出螺纹。

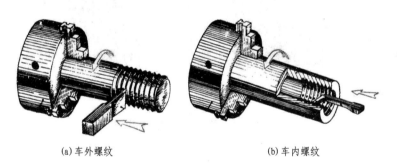

(a) 车外螺纹　　　　　　　　　　　(b) 车内螺纹

图 5-1　车制螺纹

制在零件外表面上的螺纹被称为外螺纹,制在零件孔腔内表面的螺纹被称为内螺纹。

螺纹的表面可分为凸起和沟槽两部分。凸起部分的顶端称为牙顶,沟槽部分的底端称为牙底。

为了防止螺纹端部损坏和便于安装,通常在螺纹的起始处做出圆锥形的倒角或球面形的倒圆,如图 5-2 所示。

当车削螺纹的刀具快要到达螺纹终止处时,要逐渐离开工件,因而螺纹终止处附近的牙型将逐渐变浅,形成不完整的螺纹牙型。这一段螺纹称为螺尾,如图 5-3 所示。加工到要求深度的螺纹才具有完整的牙型,才是有效螺纹。

为了避免出现螺尾,可以在螺纹终止处事先车削出一个槽,以便于刀具退出。这个槽称为

螺纹退刀槽,如图 5 - 4 所示。

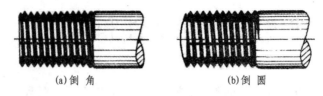

(a)倒 角　　　　　　　　(b)倒 圆

图 5 - 2　倒角和倒圆

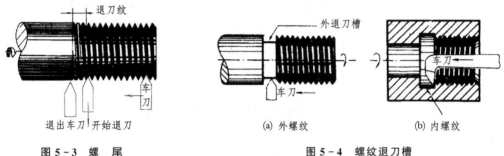

图 5 - 3　螺 尾　　　　　　图 5 - 4　螺纹退刀槽

2. 螺纹的要素

以最常用的圆柱螺纹为例如图 5 - 5 所示。

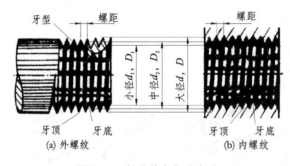

图 5 - 5　螺纹的各部分名称

(1) 螺纹的牙型

在通过螺纹轴线的剖面上,螺纹的轮廓形状称为螺纹牙型。常见的螺纹牙型有三角形和梯形等。

(2) 直　径

螺纹的直径有大径、小径和中径。

与外螺纹牙顶或内螺纹牙底相对应的假想圆柱面的直径称为大径。内、外螺纹的大径分别以 D 和 d 表示。

与外螺纹牙底或内螺纹牙顶相对应的假想圆柱面的直径称为小径。内、外螺纹的小径分别以 D_1 和 d_1 表示。

中径是一个假想圆柱的直径。该圆柱的母线(称为中型线)通过牙型上沟槽和凸起宽度相等的地方,称为中径圆柱。内、外螺纹的中径分别以 D_2 和 d_2 表示。

(3) 螺纹的线数

螺纹有单线和多线之分。当圆柱面上只有一条螺纹盘绕时叫做单线螺纹,如图 5-6(a) 所示;如果同时有两条或三条螺纹盘绕时就叫双线或三线螺纹。螺纹的线数以 n 表示。图 5-6(b) 所示为双线螺纹。

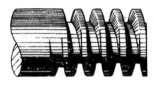 

(a) 单线螺纹　　　　　　　　　　　　　(b) 双线螺纹

图 5-6　螺纹的线数

(4) 螺距和导程

螺纹的相邻牙在中径上的对应点之间的轴向距离 P 称为螺距。同一条(线)螺纹上相邻两牙在中径线上的对应点之间的轴向距离 P_h 称为导程。螺距与导程的关系为

$$螺距 = 导程/线数$$

因此,单线螺纹的螺距 $P=P_h$,多线螺纹的螺距 $P=P_h/n$。

(5) 螺纹的旋向

螺纹有右旋和左旋之分。将外螺纹轴线铅垂放置,螺纹右上左下则为右旋,左上右下则为左旋。右旋螺纹顺时针旋转时旋合,逆时针旋转时退出,左旋螺纹反之。其中以右旋最常用。以右、左手判断右旋螺纹和左旋螺纹的方法如图 5-7 所示。

在螺纹的五个要素中,螺纹牙型、直径和螺距是决定螺纹的最基本要素,称为螺纹三要素。凡这三个要素都符合标准的称为标准螺纹;螺纹牙型符合标准,而大径和螺距不符合标准的称为特殊螺纹;若螺纹牙型不符合标准,则称为非标准螺纹。内、外螺纹总是成对地使用,但只有当五个要素相同时,内、外螺纹才能拧合在一起。

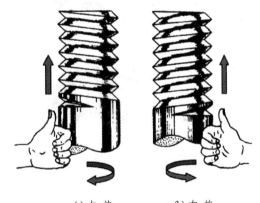

(a) 左 旋　　　　(b) 右 旋

图 5-7　螺纹的旋向

5.1.2　螺纹的种类

螺纹按用途分为两大类:连接螺纹和传动螺纹。

表 5-1 介绍了常用标准螺纹。本书后附有部分标准螺纹参数。

1. 连接螺纹

常见的连接螺纹有三种:粗牙普通螺纹、细牙普通螺纹和管螺纹。

连接螺纹的共同特点是牙型皆为三角形。其中,普通螺纹的牙型角为 $60°$,管螺纹的牙型角为 $55°$。

表 5-1 常用标准螺纹

螺纹种类及特征代号		外形图	内、外螺纹旋合后牙型的放大图	功 用
连接螺纹	粗牙普通螺纹 M			是最常用的连接螺纹。细牙螺纹的螺距较粗牙为小,切深较浅,用于细小的精密零件或薄壁零件上
	细牙普通螺纹 M			
	圆柱管螺纹 G 或 Rp			用于水管、油管和煤气管等薄壁管子上,是一种螺纹深度较浅的特殊细牙螺纹,仅用于管子的连接。分为非密封(代号 G)与密封(代号 Rp)两种
传动螺纹	梯形螺纹 Tr			作传动用,各种机床上的丝杠多采用这种螺纹
	锯齿形螺纹 B			只能传递单向动力,例如螺旋压力机和千斤顶的传动丝杠就采用这种螺纹

注:d——外螺纹大径;d_1——外螺纹小径;d_2——外螺纹中径;P——螺距。

同一种大径的普通螺纹一般有几种螺距。螺距最大的一种称为粗牙普通螺纹,其余的称为细牙普通螺纹。

细牙普通螺纹多用于细小的精密零件或薄壁零件,而管螺纹多用于水管、油管和煤气管等。

2. 传动螺纹

传动螺纹是用来传递动力和运动的,常用的是梯形螺纹,有时也用锯齿形螺纹。

每种螺纹都有相应的特征代号(用字母表示),标准螺纹的各参数如大径和螺距等均已规定,设计选用时应查阅相应标准。

5.1.3　螺纹的规定画法

绘制螺纹的真实投影是十分繁琐的事情,并且在实际生产中也没有必要这样做。为了便于绘图,国家标准(GB/T 4459.1—1995)对螺纹的画法作了规定,综述如下:

可见螺纹的牙顶用粗实线表示;可见螺纹的牙底用细实线表示(当外螺纹画出倒角或倒圆

时,应将表示牙底的细实线画入圆角或倒圆部分)。在垂直于螺纹轴线的投影视图(投影为圆的视图)中,表示牙底的细实线圆只画约 3/4 圈(空出的约 1/4 圈的位置不作规定)。此时,螺杆(外螺纹)或螺孔(内螺纹)上的倒角的投影不应画出,如图 5-8 和图 5-9 所示。

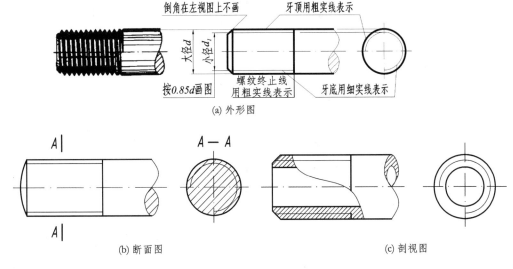

(a) 外形图

(b) 断面图　　　　　　　　　　　　　　　(c) 剖视图

图 5-8　外螺纹画法

有效螺纹的终止界线(简称螺纹终止线)用粗实线表示。外螺纹终止线的画法如图 5-8 所示,内螺纹终止的画法如图 5-9 所示。

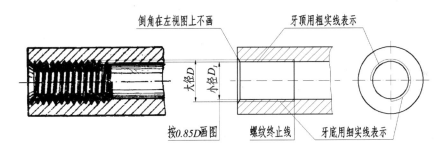

图 5-9　内螺纹画法

螺尾部分一般不必画出。当需要表示螺尾时,螺尾部分的牙底用与轴线成 30°的细实线绘制,如图 5-10(a)所示。

无论是外螺纹或内螺纹,在剖视或断面图中的剖面线都必须画到粗实线(见图 5-8、图 5-9 及图 5-10(b))。

加工内螺纹需要先钻孔,钻头端部有一圆锥,锥顶角为 118°,钻孔时,不穿通孔(称为盲孔)底部造成一锥面。在画图时,钻孔底部锥面的顶角可简化为 120°,如图 5-11(a)所示。

一般应将钻孔深度与螺纹深度分别画出,如图 5-11(b)所示。钻孔深度 H 一般应比螺纹深度 b 大 $0.5D$,其中 D 为螺纹大径。

不可见螺纹的所有图线用虚线绘制,如图 5-12 所示。

当需要表示螺纹牙型时,可按图 5-13 的形式绘制。

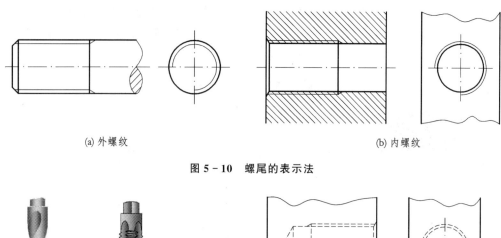

(a) 外螺纹   (b) 内螺纹

图 5 - 10   螺尾的表示法

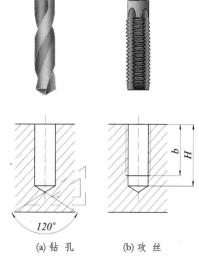

图 5 - 11   不穿通的螺孔画法

(a) 钻孔   (b) 攻丝

图 5 - 12   不可见螺纹的表示

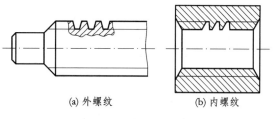

(a) 外螺纹   (b) 内螺纹

图 5 - 13   表示牙型的方法

锥面上的螺纹画法如图 5 - 14 所示。

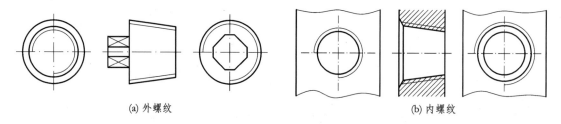

(a) 外螺纹   (b) 内螺纹

图 5 - 14   锥面上的螺纹画法

螺纹孔相交时,只画出钻孔的交线(用粗实线表示),如图 5 - 15 所示。

螺纹连接的画法:以剖视图表示内、外螺纹的连接时,其旋合部分应按外螺纹的画法绘制,其余部分仍按各自的画法表示,如图 5 - 16 所示。

因为只有牙型、大径、小径、螺距及旋向都相同的螺纹才能旋合到一起,所以在剖视图中,表示外螺纹牙顶的粗实线,必须与表示内螺纹牙底的细实线在一条直线上;表示外螺纹牙底的细实线,也必须与表示内螺纹牙顶的粗实线在一条直线上。

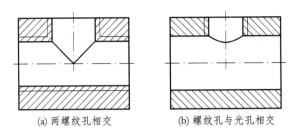

(a) 两螺纹孔相交 　　　　 (b) 螺纹孔与光孔相交

图 5-15　螺纹孔的相交画法

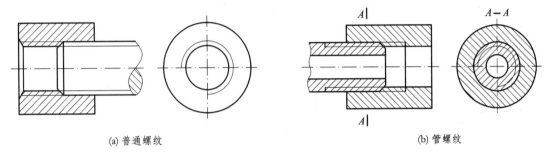

(a) 普通螺纹 　　　　　　　　　　　　　　　　　　 (b) 管螺纹

图 5-16　螺纹连接的画法

5.1.4　螺纹的标注

因为各种螺纹的画法相同,所以为了便于区分,还必须在图上进行标注。

1. 螺纹的完整标注格式

特征代号　公称直径×导程(P 螺距)旋向—公差代号—旋合长度代号

单线螺纹导程与螺距相同,导程(P 螺距)一项改为螺距。

(1) 特征代号

如表 5-1 所列,如粗牙普通螺纹及细牙普通螺纹均用 M 作为特征代号。

(2) 公称直径

除管螺纹(代号为 G 或 Rp)为管子公称直径外,其余螺纹均为大径。

(3) 导程(P 螺距)

单线螺纹只标导程即可(螺距与之相同),多线螺纹导程和螺距均需要标出。粗牙普通螺纹螺距已完全标准化,查表即可,不标注。

(4) 旋　向

当旋向右旋时,不标注;当左旋时,要标注 LH 两个大写字母。

(5) 公差带代号

由表示公差等级的数字和表示基本偏差的字母(外螺纹用小写字母,内螺纹用大写字母)组成,如 5G,6g,6H 等。内、外螺纹的公差等级和基本偏差都已有规定。

需要说明的是外螺纹要控制顶径(即大径)和中径两个公差带,内螺纹也要控制顶径(即小径)和中径两个公差带。

公差等级规定如下:
- 内螺纹　顶径的公差等级有 4,5,6,7,8 五种;
　　　　　中径的公差等级有 4,5,6,7,8 五种。
- 外螺纹　顶径的公差等级有 4,6,8 三种;
　　　　　中径的公差等级有 3,4,5,6,7,8,9 七种。

基本偏差规定如下:
　　内螺纹的基本偏差有 G 和 H 两种。
　　外螺纹的基本偏差有 e,f,g,h 四种。
　　中径和顶径的基本偏差相同。

螺纹公差带代号标注时,应顺序标注中径公差带代号及顶径公差代号;当两公差带代号完全相同时,可只标一项。

(6) 旋合长度代号

分别用 S,N,L 来表示短、中等和长三种不同旋合长度,其中 N 省略不标。

2. 标准螺纹标注示例

标准螺纹标注示例如表 5-2、表 5-3 和表 5-4 所列。

表 5-2　普通螺纹的标注

螺纹种类	标注的内容和方式	图　例	说　明
粗牙普通螺纹	M10-5g6g-S M10——螺纹大径; 5g——中径公差带; 6g——顶径公差带; S——短旋合长度 M10LH-7H-L LH——旋向为左旋; 7H——顶径和中径公差带(相同); L——长旋合长度	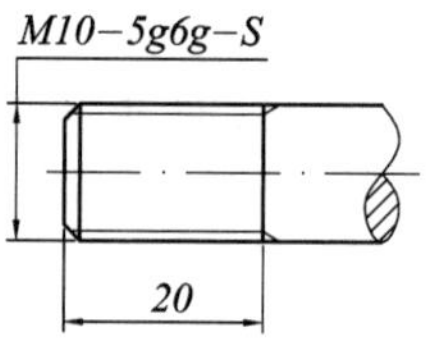 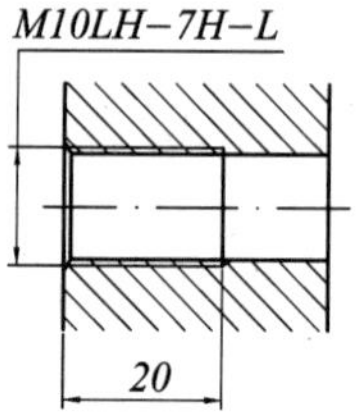 *M10-5g6g-S* 20 *M10LH-7H-L* 20	① 不注螺距; ② 右旋省略不注,左旋要标注; ③ 中径和顶径公差带相同时,只注一个代号,如 7H; ④ 当旋合长度为中等长度时,不标注; ⑤ 图中所注螺纹长度,均不包括螺尾在内
细牙普通螺纹	M10×1-6g 1——螺距	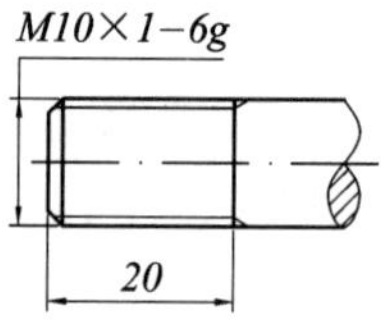 *M10×1-6g* 20	① 要注螺距; ② 其他规定同上

3. 特殊螺纹和非标准螺纹的标注

牙型符合标准,直径或螺距不符合标准的螺纹,应在特征代号前加注"特"字,并标出大径和螺距,如图 5-17 所示。

绘制非标准的螺纹(见图 5-18)时,应画出螺纹的牙型,并注出所需要的尺寸及有关要求。

表 5 - 3　管螺纹的标注

螺纹种类	标注方式	图　例	说　明
非螺纹密封的管螺纹	G1A(外螺纹公差等级分 A 级和 B 级两种,此处表示 A 级) G3/4(内螺纹公差等级只有一种)	*G1A*　　*G3/4*	① 特征代号后边的数字是管子尺寸代号而不是螺纹大径,管子尺寸代号数值等于管子的内径,单位为英寸。作图时应据此查出螺纹大径; ② 管螺纹标记一律注在引出线上(不能以尺寸方式标记),引出线应由大径处引出(或由对称中心处引出)
用螺纹密封的圆柱管螺纹	Rp1 Rp3/4(内外螺纹均只有一种公差带)	*Rp1*　　*Rp3/4*	
用螺纹密封的圆锥管螺纹	R1/2(外螺纹) Rc1/2(内螺纹) (内外螺纹均只有一种公差带)	*R1/2*　　*Rc1/2*	

表 5 - 4　梯形螺纹的标注

螺纹种类	标注方式	图　例	说　明
单线梯形螺纹	Tr36×6−8e 36——螺纹大径; 6——导程＝螺距; 8e——公差带代号	*Tr36×6−8e*	① 单线注导程即可; ② 多线的要注导程和螺距; ③ 右旋省略不注,左旋要注 LH; ④ 旋合长度分为中等(N)和长(L)两组,中等旋合长度代号 N 可以不注
多线梯形螺纹	Tr36×12(P6)LH−8e−L 12——导程 P6——螺距 LH——左旋	*Tr36×12(P6)LH−8e−L*	

图 5 - 17　特殊螺纹的标注

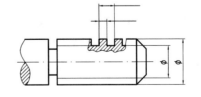

图 5 - 18　非标准螺纹的标注

4. 螺纹副的标注

内、外螺纹旋合到一起后称螺纹副,其标注示例如图 5 - 19 所示:

M14×1.5－6H/6g(中等旋合长度 N 不标注)

1.5——细牙普通螺纹,螺距 1.5 mm;

6H——内螺纹的中径和顶径公差带(相同);

6g——外螺纹的中径和顶径公差带(相同)。

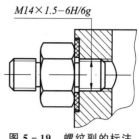

图 5 - 19　螺纹副的标注

5.1.5　常用螺纹紧固件的画法和标记

螺纹紧固件指的是通过螺纹旋合起到紧固、连接作用的主要零件和辅助零件。

常用的螺纹紧固件有螺栓、螺钉、双头螺柱、螺母和垫圈等,均为标准件。在设计机器时,标准件不必画零件图,只需在装配图中画出,并写明所用标准件的标记即可。

1. 常用紧固件的比例画法

紧固件各部分尺寸可以从相应国家标准中查出,但在绘图时为了简便和提高效率,却大多不必查表绘图,而是采用比例画法。

所谓比例画法就是当螺纹大径选定后,除了螺栓等紧固件的有效长度要根据被紧固件实际情况确定外,紧固件的其他各部分尺寸都取与紧固件的螺纹大径 d(或 D)成一定比例的数值来作图的方法。

下面分别介绍六角螺母、六角头螺栓、垫圈和双头螺柱的比例画法,如图 5 - 20 所示。

(1) 六角螺母

六角螺母各部分尺寸及其表面上用几段圆弧表示的交线,都以螺纹大径 d 的比例关系画出,如图 5 - 20(a)所示。

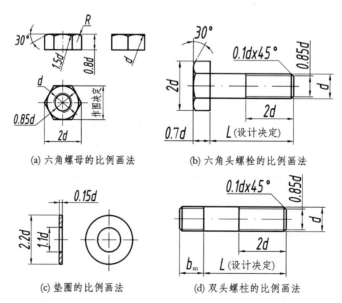

(a) 六角螺母的比例画法　　(b) 六角头螺栓的比例画法

(c) 垫圈的比例画法　　(d) 双头螺柱的比例画法

图 5 - 20　常用紧固件的比例画法

(2) 六角头螺柱

六角头螺柱各部分尺寸与螺纹大径 d 的比例关系如图 5 - 20(b)所示。六角头头部除厚度为 $0.7d$ 外,其余尺寸的比例关系和画法与六角螺母相同。

(3) 垫　圈

垫圈各部分尺寸与它相配的螺纹紧固件的大径 d 的比例关系画出,如图 5 - 20(c)所示。

(4) 双头螺柱

双头螺柱的外形可按图 5 - 20(d)的简化画法绘制。其各部分尺寸与大径的比例关系如图中所示。

螺钉的比例画法在下面装配画法中介绍。

2. 紧固件的标记方法(GB/T 1237—2000)

紧固件有完整标记和简化标记两种方法。完整标记形式如下:

①②－③×④×⑤×⑥－⑦－⑧－⑨－⑩－⑪

1——类别(产品名称);

2——标准编号;

3——螺纹规格或公称尺寸(如销的直径及其公差);

4——其他直径或特性(必要时,如杆径公差);

5——公称长度(规格)(必要时);

6——螺纹长度或杆长(必要时);

7——产品型号(必要时);

8——性能等级或硬度或材料;

9——产品等级(必要时);

10——扳拧形式(必要时,如十字槽形式);

11——表面处理(必要时)。

图 5 - 21 所示六角头螺栓公称直径 d＝M10,公称长度 45,性能等级 10.9 级,产品等级为 A 级,表面氧化。其完整标记如下:

螺栓 GB/T 5782－2016－M10×45－10.9－A－1

在一般情况下,紧固件采用简化标记法,简化原则如下:

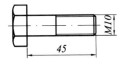

图 5 - 21　六角头螺栓

类别(名称)、标准年代号及其前面的"－",允许全部或部分省略。省略年代号的标准应以现行标准为准。

标记中的"－"允许全部或部分省略;标记中"其他直径或特性"前面的"×"允许省略。但省略后不应导致标记的误解,一般以空格代替。

当产品标准中只规定一种产品形式、性能等级或硬度或材料、产品等级、扳拧型式及表面处理时,允许全部或部分省略。

当产品标准中规定两种以上的产品形式、性能等级或硬度或材料、产品等级、扳拧形式及表面处理时,应规定可以省略其中的一种,并在产品标准的标记示例中给出省略后的简化标记。

上述螺栓的标记可简化为:螺栓 GB/T 5782 M10×45。

还可进一步简化为:GB/T 5782 M10×45。

常用紧固件的标记示例可查阅有关产品标准。

5.1.6 螺纹紧固件的装配图画法

在画螺纹紧固件的装配图时,首先作如下规定:

当剖切平面通过螺杆的轴线时,螺栓、螺柱、螺钉及螺母、垫圈等均按未剖切绘制。

在剖视图上,相接触的两个零件的剖面线的方向或间隔应不同,同一零件在各视图上的剖面线的方向和间隔必须一致。

1. 螺栓连接装配图的画法

螺栓连接由螺栓、螺母和垫圈组成。螺栓连接用于当被连接的两零件厚度不大,容易钻出通孔的情况下,如图 5 – 22 所示。

螺栓连接装配图一般根据公称直径 d 按比例关系画出,如图 5 – 23 所示。

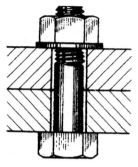

图 5 – 22 螺栓连接

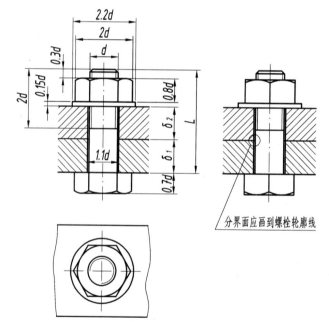

图 5 – 23 螺栓连接装配图画法

在画图时应注意下列两点:

(1) 螺栓的有效长度

应按下式估算:

$$l = \delta_1 + \delta_2 + 0.15d(垫圈厚) + 0.8d(螺母厚) + 0.3d$$

其中,$0.3d$ 是螺栓末端的伸出高度。然后,根据算出的数值查附录 B 中螺栓的有效长度的系列值,选取一个相近的标准数值。

(2) 被连接零件上通孔的孔径

为了保证成组多个螺栓装配方便,不因上、下板孔间距误差造成装配困难,被连接零件上的孔径总比螺纹大径略大些。画图时按 $1.1d$ 画出。同时,螺栓上的螺纹终止线应低于通孔的顶面,以显示拧紧螺母时有足够的螺纹长度。

2. 双头螺柱的连接装配图的画法

双头螺柱连接由双头螺柱、螺母和垫圈组成。双头螺柱两端都有螺纹,其中一端为旋入端,装配时先将其拧入被连接件,且拧紧;另一端用螺母拧紧,如图 5 - 24 所示。

与螺栓连接比较,双头螺柱在装配时比较方便,只需一个扳手,拧下螺母,且无须拧下螺柱;而螺栓连接则需要同时用两个扳手,且必须拧下螺母、垫圈和螺栓。对于需要多个螺纹连接件的箱体和箱盖及高空作业的情况,拆装方便是极为重要的。

双头螺柱装配图的比例画法,如图 5 - 25 所示。在画图时应注意下列几点:

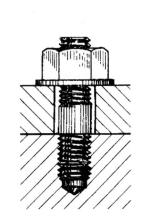

图 5 - 24　双头螺柱连接

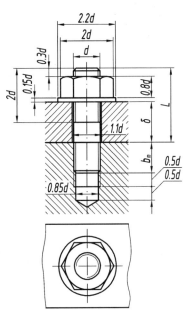

图 5 - 25　双头螺柱连接装配图画法

(1) 双头螺柱的有效长度

应按以下估算:

$$l = \delta + 0.15d(垫圈厚) + 0.8d(螺母厚) + 0.3d$$

然后,根据估算出的数值查附录 B 中双头螺柱的有效长度 l 的系列值,选取一个相近的标准数值。

(2) 双头螺柱旋入端螺纹长度

双头螺柱旋入端的长度 b_m 的值与机件的材料有关。对于钢,$b_m = d$;对于铸铁,$b_m = 1.25d$;对于铜,$b_m = 1.5d$;对于铝,$b_m = 2d$。

旋入端应全部拧入机件的螺孔内,所以螺纹终止线与机件端面应平齐。

(3) 机件上螺孔的螺纹深度

为确保旋入端全部旋入,机件上螺孔的螺纹深度应大于旋入端的螺纹长度 b_m。在画图时,螺孔的螺纹深度可按 $b_m + 0.5d$ 画出;钻孔深度可按 $b_m + d$ 画出。

(4) 螺母和垫圈

螺母和垫圈等各部分尺寸与大径 d 的比例关系和画法与前述相同。

（5）不穿通的螺孔和倒角

在装配图中，对于不穿通的螺孔，也可以不画出钻孔深度，而仅按螺纹的深度画出；六角螺母及螺杆头部的倒角也可省略不画，如图 5 - 26 所示。

3．螺钉连接装配图的画法

螺钉连接不用螺母，而是将螺钉直接拧入机件的螺孔里，依靠螺钉头部压紧被紧固件，如图 5 - 27 所示。螺钉连接多用于受力不大，而被连接件之一较厚的情况。

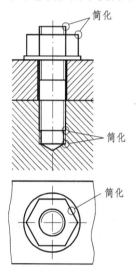

图 5 - 26　装配图的简化画法

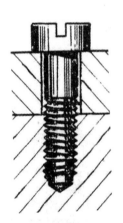

图 5 - 27　螺钉连接

螺钉根据头部形状不同有许多形式。图 5 - 28 是几种常用螺钉装配图的比例画法。

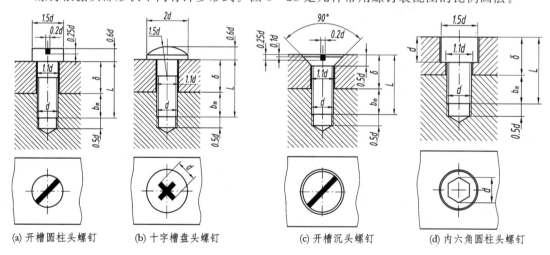

(a) 开槽圆柱头螺钉　　(b) 十字槽盘头螺钉　　(c) 开槽沉头螺钉　　(d) 内六角圆柱头螺钉

图 5 - 28　螺钉连接装配图画法

画螺钉装配图时应注意下列几点：

（1）螺钉的有效长度

应按下式估算：

$$l = \delta + b_m$$

其中,b_m 根据被旋入零件的材料而定,见双头螺柱。然后,根据估算出的数据查附录 B 中相应螺钉的有效长度 l 的系列值,选取相近的标准数值。

(2) 螺钉的螺纹终止线

为了使螺钉头能压紧被连接零件,螺钉的螺纹终止线应高出螺孔的端面如图 5－28(a) 和 (b) 所示,或在螺杆的全长上都有螺纹如图 5－28(c) 和 (d) 所示。

(3) 螺钉头部

螺钉头部的一字槽和十字槽的投影可以涂黑表示。在投影为圆的视图上,这些槽按习惯应画成与中心线成 45°,如图 5－28(a)、(b) 和 (c) 所示。

4. 紧定螺钉连接装配图的画法

与螺栓、双头螺柱和螺钉不同,紧定螺钉不是利用旋紧螺纹产生轴向压力压紧机件来起固定作用的。紧定螺钉分为柱端、锥端和平端三种。柱端紧定螺钉利用其端部小圆柱插入机件小孔(见图 5－29(a))或环槽(见图 5－29(b))中起定位、固定作用,阻止机件移动。锥端紧定螺钉利用端部锥面顶入机件上小锥坑(见图 5－29(c))起定位、固定作用。平端紧定螺钉则依靠其端平面与机件的摩擦力起定位作用。三种紧定螺钉能承受的横向力递减。

有时也常将紧定螺钉"骑缝"旋入(将两机件装好,加工螺孔,使螺孔在两机件上各有一半,再旋入紧定螺钉),起固定作用(见图 5－29(d))。此时称为骑缝螺钉。

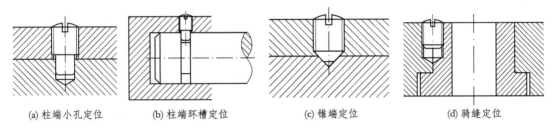

(a) 柱端小孔定位　　　(b) 柱端环槽定位　　　(c) 锥端定位　　　(d) 骑缝定位

图 5－29　紧定螺钉连接的装配画法

5.1.7　简化画法

国家标准规定:在装配中,常用螺栓、螺钉的头部及螺母等也可采用表 5－5 所列的简化画法。

表 5－5　螺栓、螺钉头部和螺母的简化画法

序　号	类　型	简化画法	序　号	类　型	简化画法
1	六角头螺栓		11	沉头十字槽螺钉	
2	方头螺栓		12	半沉头十字槽螺钉	
3	圆柱头内六角螺钉		13	盘头十字槽螺钉	
4	无头内六角螺钉		14	六角法兰面螺栓	

续表 5 - 5

序　号	类　型	简化画法	序　号	类　型	简化画法
5	无头开槽螺钉		15	圆头十字槽木螺钉	
6	沉头开槽螺钉		16	六角螺母	
7	半沉头开槽螺钉		17	方头螺母	
8	圆柱头开槽螺钉		18	六角开槽螺母	
9	盘头开槽螺钉		19	六角法兰面螺母	
10	沉头开槽自攻螺钉		20	蝶形螺母	

5.1.8　防松装置及其画法

在变载荷或连续冲击和振动载荷下,螺纹连接常会自动松脱。这样很容易导致机器或部件不能正常使用,甚至发生严重事故。因此,在使用螺纹紧固件进行连接时,有时还需要有防松装置。

防松装置大致可以分为两类:一类是靠增加摩擦力,另一类是靠机械固定。

1. 靠增加摩擦力

(1) 弹簧垫圈

它是一个开有斜口、形状扭曲且具有弹性的垫圈,如图 5 - 30(a)所示。当螺母拧紧后,垫圈受压变平,产生弹力,作用在螺母和机件上,使摩擦力增大,就可以防止螺母自动松脱,如图 5 - 30(b)所示。在画图时,斜口可以涂黑表示,但要注意斜口的方向应与螺栓螺纹旋向相反(一般螺栓上螺纹为右旋,则垫圈上斜口的斜向相当于左旋)。

(2) 双螺母

它是依靠两螺母在拧紧后,相互之间所产生的轴向作用力,使内、外螺纹之间的摩擦力增大,以防止螺母自动松脱,如图 5 - 31 所示。

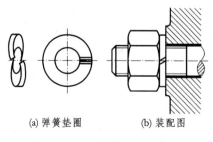

(a) 弹簧垫圈　　　(b) 装配图

图 5 - 30　弹簧垫圈防松结构

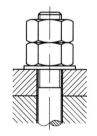

图 5 - 31　双螺母防松结构

2. 靠机械固定

（1）开口销

如图 5－32 所示，用开口销直接将六角开槽螺母与螺杆穿插在一起，以防止松脱。

（2）止动垫片

如图 5－33 所示，在拧紧螺母后，把垫片的一边向上敲弯与螺母紧贴；而另一边向下敲弯与机件贴紧。这样，螺母就被垫片卡住，不能松脱。

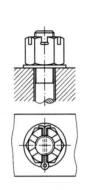

图 5－32　开口销防松结构

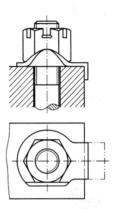

图 5－33　止动垫片防松结构

（3）止动垫圈

止动垫圈如图 5－34(a)所示。这种垫圈为图 5－34(b)所示的圆螺母专用，用来固定轴上零件，如图 5－35 所示，为了防止螺母松脱。在轴端开出一个方槽，把止动垫圈套在轴上，使垫圈内圆上突起的小片卡在轴槽中，从而使止动垫圈与轴不能相对转动；然后拧紧螺母，并把垫圈外圆上的某小片弯入圆螺母外面的方槽中。这样，圆螺母就不能自动松脱。

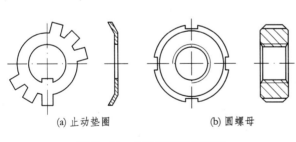

(a) 止动垫圈　　　　(b) 圆螺母

图 5－34　止动垫圈和圆螺母

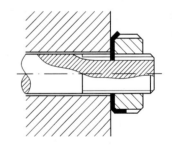

图 5－35　装配情形

5.2　键、花键和销

5.2.1　键

键是用来连接轴及轴上的传动件，如齿轮、传送带轮等，起传递扭矩的作用。

常用的键有普通平键、半圆键和钩头楔键三种。它们的形式和规定标记如表 5－6 所列。

选用时可根据轴的直径查键的标准,得出它的尺寸。平键和钩头楔键的长度 l 应根据轮毂(轮盘上有孔,穿轴的那一部分)长度及受力大小选取相应的系列值。

表 5-6　常用键的形式及标记

名　称	图　例	标记示例
普通平键	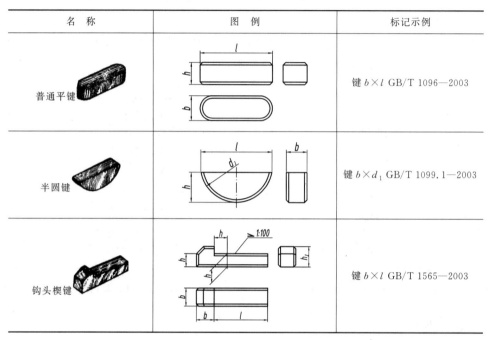	键 $b \times l$ GB/T 1096—2003
半圆键		键 $b \times d_1$ GB/T 1099.1—2003
钩头楔键		键 $b \times l$ GB/T 1565—2003

普通平键和半圆键的两个侧面是工作面,在装配图中,键与键槽侧面之间应不留间隙;而键的顶面是非工作面,它与轮毂的键槽顶面之间应留有间隙,如图 5-36 和图 5-37 所示。

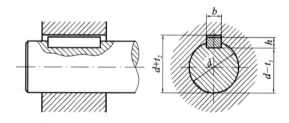

图 5-36　平键的装配图

钩头楔键的顶面有 1∶100 的斜度,连接时将键打入键槽。因此,键的顶面和底面同为工作面,与槽底和槽顶都没有间隙;而键的两侧为非工作面,与键槽的两侧面应留有间隙,如图 5-38 所示。

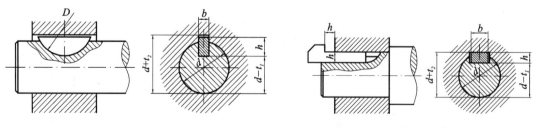

图 5-37　半圆键的装配图　　　　　　图 5-38　钩头楔键的装配图

轴上的键槽和轮毂上的键槽的画法和尺寸注法,如图 5-39 所示。

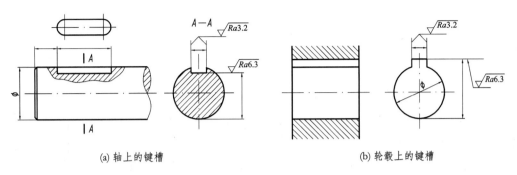

(a) 轴上的键槽   (b) 轮毂上的键槽

图 5-39　键槽的画法和尺寸注法

5.2.2　花　键

花键是把键直接做在轴上和轮孔上(轴上为凸条,孔中为凹槽),与它们成一整体。把花键轴装入齿轮的花键孔内,能传递较大的扭矩,并且两者的同轴度和轮沿轴向滑移性能都较好,适宜于需轴向移动的轮。因此,花键连接在汽车和机床中应用很广。

花键的齿形有矩形和渐开线形,其中以矩形为最常见,它的结构和尺寸已标准化。渐开线齿形花键又分压力角为 30°和压力角为 45°两种,后者亦称细牙渐开线花键,取代以前的三角形花键。

1. 矩形花键的画法

国家标准对矩形花键的画法作如下规定。

(1) 外花键

在平行于花键轴线投影的视图中,大径用粗实线、小径用细实线绘制,并用断面图画出一部分或全部齿形,如图 5-40 所示。

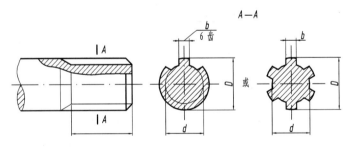

图 5-40　外花键的画法和标注

在垂直于花键轴线的投影面上的视图按图 5-41 左视图绘制。

花键工作长度(有效长度)的终止端和尾部长度的末端均用细实线绘制,并与轴线垂直,尾部则画成斜线,其倾斜角度一般与轴线成30°,如图 5-40 和 5-41 所示。必要时,可按实际画出。

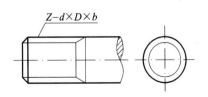

图 5-41　外花键的代号标注

(2) 内花键

在平行于花键轴线的投影面的剖视图中,大径和小径均用粗实线绘制,并用局部视图画出部分或全部齿形,如图 5-42 所示。

花键连接用剖视表示时,其连接部分按外花键的画法画,如图 5-43 所示。

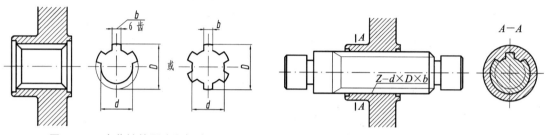

图 5-42 内花键的画法和标注   图 5-43 花键连接的画法

2. 矩形花键的尺寸标注

花键一般注出小径、大径、键宽和工作长度,如图 5-40 和 15-42 所示,也可以用标注花键代号的方法,如图 5-41 所示。

花键的代号用 $Z-d\times D\times b$ 表示。其中,Z 为齿数,d 为小径,D 为大径,b 为键宽。在 d,D 和 b 的数值后均应加注公差带代号(零件图上)或配合代号(装配图中)。

5.2.3 销

销又分为圆柱销、圆锥销和开口销。

(1) 圆柱销和圆锥销

圆柱销和圆锥销用来连接和固定零件,或在装配时作定位用。它们的类型和尺寸都已经标准化,如表 5-7 所列。

表 5-7 圆柱销和圆锥销的型式及其标记

名 称	类 型	标记示例	说 明
圆柱销	允许倒圆或凹穴 ≈15°	销 GB/T 119.1—2000 6m6×30 (公称直径 $d=6$,公差 m6,公称长度 $l=30$,材料为钢,不淬火,不表面处理)	末端形状由制造者确定,可根据工作条件选用
圆锥销	端面 $\sqrt{Ra6.3}$ 1:50 $r_1\approx d$ $r_2\approx \dfrac{a}{2}+d+\dfrac{(0.021)^2}{8a}$	销 GB/T 117—2000 10×60 (A 型,公称直径 $d=10$,公称长度 $l=60$,材料为 35 钢,热处理 28~38HRC,表面氧化)	A 型(磨削):锥面表面粗糙度 $R_a=0.8\ \mu m$; B 型(切削或冷镦):锥面表面粗糙度 $R_a=3.2\ \mu m$; 锥度 1:50 有自锁作用,打入后不会自动松脱

圆柱销和圆锥销的装配图画法如图 5 - 44 和图 5 - 45 所示。

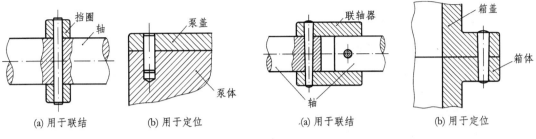

| 图 5 - 44　圆柱销装配图 | 图 5 - 45　圆锥销装配图 |

用销连接或定位的两个零件上的销孔是在装配时一起加工的,在零件图上应当注明,如图 5 - 46 所示。圆锥销孔的尺寸应引出标注,其中 $\phi4$ 是所配圆锥销的公称直径(即它的小端直径)。

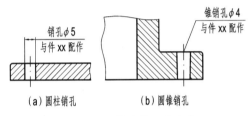

图 5 - 46　销孔的尺寸注法

(2) 开口销

用来锁定螺母或垫圈,防止松脱,如图 5 - 32 所示。

5.3　齿　轮

在机械上,常常用齿轮把一个轴的转动传递给另一轴以达到变速和换向等目的。齿轮的种类很多,根据其传动情况可分为三类:

● 圆柱齿轮——用于两轴平行时,如图 5 - 47(a)所示。

● 锥齿轮——用于两轴相交时,如图 5 - 47(b)所示。

● 蜗轮蜗杆——用于两轴交叉时,如图 5 - 47(c)所示。

| (a) 圆柱齿轮 | (b) 锥齿轮 | (c) 蜗轮蜗杆 |

图 5 - 47　齿轮传动

5.3.1 圆柱齿轮

常见的圆柱齿轮按其齿的方向分成直齿轮和斜齿轮两种,如图5-47(a)所示。

1. 圆柱齿轮各部分的名称和尺寸关系

现以标准直齿圆柱齿轮为例来说明,如图5-48所示。

(1) 齿顶圆

通过轮齿顶部的圆称为齿顶圆,其直径以 d_a 表示。

(2) 齿根圆

通过轮齿根部的圆称为齿根圆,其直径以 d_f 表示。

(3) 分度圆

标准齿轮的齿厚(某圆上齿部的弧长)与齿间(某圆上空槽的弧长)相等的圆称为分度圆,其直径以 d 表示。

(4) 齿 高

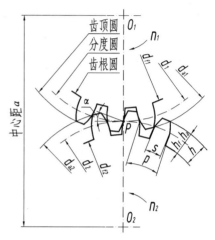

图5-48 两啮合的标准直齿圆柱齿轮各部分的名称

齿顶圆与齿根圆之间的径向距离称为齿高,以 h 表示。分度圆将齿高分为两个不等的部分。齿顶圆与分度圆之间称为齿顶高,以 h_a 表示。分度圆与齿根圆之间称为齿根高,以 h_f 表示。齿高是齿顶高与齿根高之和,即

$$h = h_a + h_f$$

(5) 齿 距

分度圆上相邻两齿的对应点之间的弧长称为齿距,以 p 表示。

(6) 模 数

设齿轮的齿数为 z,则分度圆的周长等于 $zp = \pi d$,即

$$d = (p/\pi)z$$

如果取 p 为有理数,那么 d 就成了无理数,例如:$z = 20,p = 10$,则

$$d = (p/\pi)z = (10/\pi) \times 20 = 63.66203\cdots$$

因此,为了便于计算和测量,取 $m = p/\pi$ 为参数,于是

$$d = mz$$

这样,若规定参数 m 为有理数,则 d 也为有理数。把 m 称为模数,由于模数是齿距 p 和 π 的比值,因此若齿轮的模数大,其齿距就大,齿轮的轮齿就肥大。齿轮能承受的力量也就大。

模数是设计和制造齿轮的基本参数。为了设计和制造方便,已经将模数标准化。模数的标准值如表5-8所列。

(7) 压力角

压力角是两个相啮合的轮齿齿廓在接触点 P 处的受力方向与运动方向的夹角。若点 P 在分度圆上,则为两齿廓公法线与两分度圆的公切线的夹角,在图5-48中以 α 表示。我国标准齿轮的分度圆压力角为20°。通常所称压力角指分度圆压力角。

只有模数和压力角都相同的齿轮才能相互啮合。

在设计齿轮时要先确定模数和齿数,其他各部分尺寸都可由模数和齿数计算出来。标准

直齿圆柱齿轮的计算公式如表 5 - 9 所列。

表 5 - 8　标准模数(GB/T 1357—2008)　　　　　　mm

	0.1	0.12	0.15	0.2	0.25	0.3	0.4	0.5	0.6	0.8	1
第一系列	1.25	1.5	2	2.5	3	4	5	6	8	10	12
	16	20	25	32	40	50					
第二系列	0.35	0.7	0.9	1.75	2.25	2.75	(3.25)	3.5	(3.75)	4.5	5.5
	(6.5)	7	9	(11)	14	18	22	28	30	(36)	45

注:1 本表适用于渐开线圆柱齿轮,对斜齿轮是指法面模数。

　　2 选用模数时,应优先选用第一系列,其次是第二系列,括号内的模数尽可能不用。

表 5 - 9　标准直齿圆柱齿轮的尺寸计算公式

各部分名称	代　号	公　式
分度圆直径	d	$d = m z$
齿顶高	h_a	$h_a = m$
齿根高	h_f	$h_f = 1.25 m$
齿顶圆直径	d_a	$d_a = m(z + 2)$
齿根圆直径	d_f	$d_f = m(z - 2.5)$
齿　距	p	$p = \pi m$
齿　厚	s	$s = (\pi m) / 2$
中心距	a	$a = (d_1 + d_2) / 2 = m(z_1 + z_2) / 2$

2. 单个圆柱齿轮画法

(1) 轮齿部分

在视图中,齿轮的轮齿部分按下列规定绘制:

齿顶圆和齿顶线用粗实线表示;分度圆和分度线用细点画线表示;齿根圆和齿根线用细实线表示,如图 5 - 49(a)所示,也可省略不画,如图 5 - 49(c)所示。

(2) 剖视图

在剖视图中,当剖切平面通过齿轮的轴线时,轮齿一律按不剖处理。这时,齿根线用粗实线绘制,如图 5 - 49(b)所示。

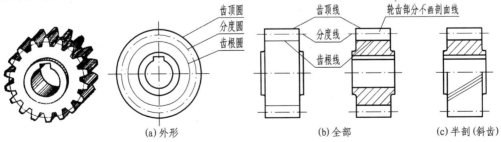

(a)外形　　　　　　　　　(b)全部　　　　　　　(c)半剖(斜齿)

图 5 - 49　单个圆柱齿轮的画法

(3) 斜齿轮

对于斜齿轮,可在非圆的外形图上用三条与轮齿倾斜方向相同的、平行的细实线表示轮齿的方向,如图 5-49(c)所示。

3．圆柱齿轮啮合的画法

两标准齿轮相互啮合时,它们的分度圆处于相切位置。此时,分度圆又称节圆。啮合部分的规定画法如下。

(1) 有圆的视图

在垂直于圆柱齿轮轴线的投影面的视图上,两齿轮的节圆应该相切。啮合区内的齿顶圆仍用粗实线画出,如图 5-50(a)所示,也可省略不画,如图 5-50(b)所示。

(2) 非圆的视图

在平行于圆柱齿轮轴线的投影面的视图上,啮合区内的齿顶线无须画出,节线用粗实线绘制,如图 5-50(c)和(d)所示。

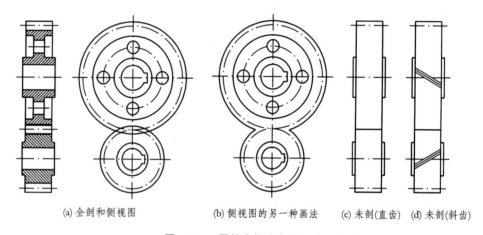

(a) 全剖和侧视图　　　(b) 侧视图的另一种画法　　　(c) 未剖(直齿)　(d) 未剖(斜齿)

图 5-50　圆柱齿轮啮合的画法

(3) 剖视图

在剖视图中,当剖切平面通过两啮合齿轮的轴线时,在啮合区内,将一个齿轮的轮齿用粗实线绘制,另一个齿轮的轮齿被遮挡的部分用虚线绘制,如图 5-50(a)和图 5-51 所示,也可省略不画,如图 5-52 所示。

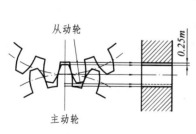

图 5-51　齿轮啮合投影的表示方法

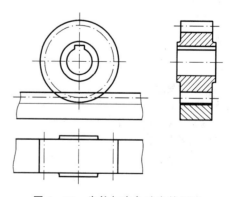

图 5-52　齿轮与齿条啮合的画法

在剖视图中,当剖切平面不通过啮合齿轮的轴线时,齿轮一律按不剖绘制。

4. 齿轮和齿条啮合的画法

当齿轮的直径无限大时,其齿顶圆、齿根圆、分度圆和齿廓曲线都成了直线。这时,齿轮就变成了齿条。

齿轮与齿条啮合时,齿轮旋转,齿条做直线运动。齿轮与齿条啮合的画法与两圆柱齿轮啮合的画法基本相同。这时,齿轮的节圆应与齿条的节线相切,如图 5-52 所示。

在齿轮零件图上不仅要表示出齿轮的形状、尺寸和技术要求,而且要列出制造齿轮所需要的参数和公差值,如图 5-53 所示。

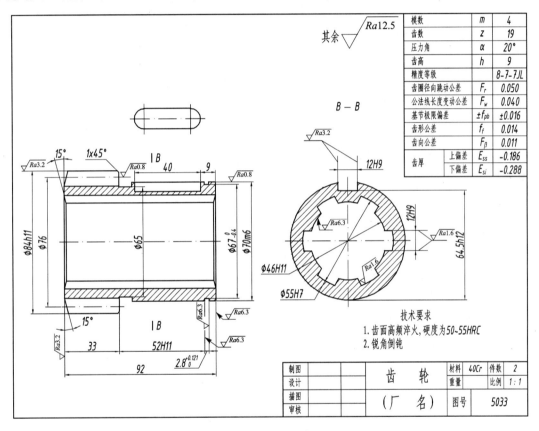

模数	m	4
齿数	z	19
压力角	α	20°
齿高	h	9
精度等级		8-7-7JL
齿圈径向跳动公差	F_r	0.050
公法线长度变动公差	F_w	0.040
基节极限偏差	$\pm f_{pb}$	±0.016
齿形公差	f_f	0.014
齿向公差	F_β	0.011
齿厚 上偏差	E_{ss}	-0.186
齿厚 下偏差	E_{si}	-0.288

技术要求
1. 齿面高频淬火,硬度为50-55HRC
2. 锐角倒钝

制图		齿 轮	材料	40Cr	件数	2
设计			重量		比例	1:1
描图		（厂 名）	图号		5033	
审核						

图 5-53 齿轮零件图

有时在齿轮零件图上还要画出一个齿形轮廓,以便标注尺寸。一般都采用近似画法,如图 5-54 所示。

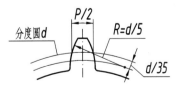

图 5-54 齿廓的近似画法

5.3.2 锥齿轮

锥齿轮的轮齿位于圆锥面上,因此它的轮齿一端大而另一端小,齿厚由大端到小端逐渐变小,模数和分度圆也随之变化。为了设计和制造方便,规定以大端端面模数(大端端面模数数值由 GB/T 12368—1990 规定)为标准模数来计算大端轮齿各部分的尺寸。锥齿轮各部分名称和符号如图 5 - 55 所示。

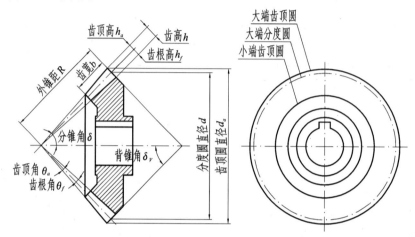

图 5 - 55 锥齿轮的图形及各部分名称

1. 直齿锥齿轮各部分尺寸的计算

直齿锥齿轮各部分尺寸都与大端模数和齿数有关。轴线相交成 $90°$ 的直齿锥齿轮各部分尺寸的计算公式如表 5 - 10 所列。

表 5 - 10 直齿锥齿轮的尺寸计算公式

各部分名称	代 号	公 式	说 明
分锥角	δ	$\tan \delta_1 = z_1/z_2$,$\tan \delta_2 = z_2/z_1$	
分度圆直径	d	$d = mz$	
齿顶高	h_a	$h_a = m$	
齿根高	h_f	$h_f = 1.2m$	
齿顶圆直径	d_a	$d_a = m(z + 2\cos\delta)$	① 角标 1 和 2 分别代表小齿轮和大齿轮;
齿顶角	θ_a	$\tan\theta_a = (2\sin\delta)/z$	② m,d_a,h_a,h_f 等均指大端
齿根角	θ_f	$\tan\theta_f = (2.4\sin\delta)/z$	
顶锥角	δ_a	$\delta_a = \delta + \theta_a$	
根锥角	δ_f	$\delta_f = \delta - \theta_f$	
外锥距	R	$R = mz/(2\sin\delta)$	
齿 宽	b	$b = (0.2\sim0.35)R$	

2. 锥齿轮的画法

锥齿轮的画法基本上与圆柱齿轮相同,只是由于圆锥的特点,在表达和作图方法上较圆柱齿轮复杂。

(1) 单个锥齿轮的画法

单个锥齿轮的主视图常画成剖视图。而在左视图上用粗实线画出齿轮大端和小端的齿顶圆，用点画线画出大端的分度圆，如图 5-55 所示。

图 5-56 是锥齿轮的零件图（对检测项目及公差作了简略）。

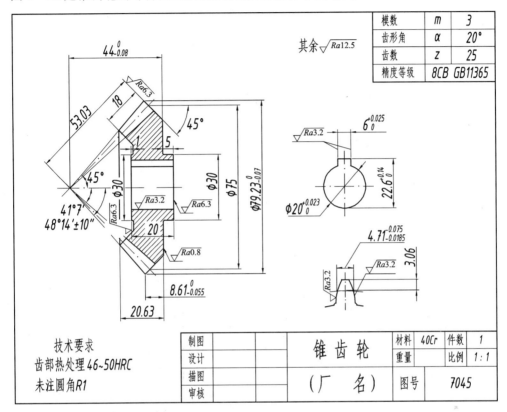

模数	m	3
齿形角	α	20°
齿数	z	25
精度等级	8CB	GB11365

制图			锥 齿 轮		材料	40Cr	件数	1
设计					重量		比例	1:1
描图			（厂　名）		图号		7045	
审核								

技术要求
齿部热处理46~50HRC
未注圆角R1

图 5-56　锥齿轮零件图

(2) 锥齿轮啮合的画法

锥齿轮啮合时，两分度圆锥相切，它们的锥顶交于一点。画图时主视图多用剖视表示，如图 5-57(a) 所示。当需要画外形时，如图 5-57(b) 所示。若为斜齿，则在外形图上加画三条平行的细实线表示轮齿的方向。

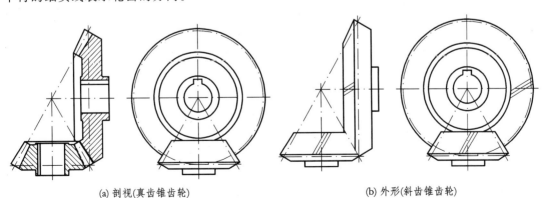

(a) 剖视(真齿锥齿轮)　　　　　　　　　(b) 外形(斜齿锥齿轮)

图 5-57　锥齿轮啮合画法

锥齿轮啮合图的绘制步骤如下：

① 根据两轴线的交角 φ 画出两轴线（这里 $\varphi = 90°$），再根据节锥角 δ_1 和 δ_2 及大端节圆直径 d_1 和 d_2 画出两个圆锥的投影，如图 5-58(a) 所示。

② 过 1，2，3 点分别作两节锥母线的垂直线，得到两圆锥齿轮的背部轮廓；再根据齿顶高 h_a、齿根高 h_f、齿宽 b 画出两齿轮轮齿的投影。齿顶、齿根各圆锥母线延长后必相交于锥顶点 O，如图 5-58(b) 所示。

③ 在主视图上画出两齿轮的大致轮廓，再根据主视图画出齿轮的侧视图，如图 5-58(c) 所示。

④ 画齿轮其余部分投影，描深全图，如图 5-58(d) 所示。

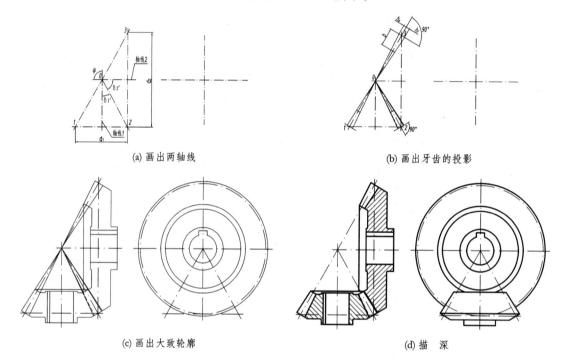

(a) 画出两轴线　　　　　　(b) 画出牙齿的投影

(c) 画出大致轮廓　　　　　　(d) 描　深

图 5-58　锥齿轮啮合的画图步骤

5.3.3　蜗轮、蜗杆

蜗轮、蜗杆的结构形状如图 5-59 所示。蜗轮实际上是斜齿的圆柱齿轮。为了增加它与蜗杆啮合时的接触面积，提高它的工作寿命，分度圆柱面改为分度圆环面，蜗轮的齿顶和齿根也形成圆环面。

蜗杆实际上是螺旋角很大，分度圆较小，轴向长度较长的斜齿圆柱齿轮。这样，轮齿就会在圆柱表面形成完整的螺旋线，因此蜗杆的外形和梯形螺纹相似。蜗杆的齿数 z_1 等于它的齿的螺纹线数（也叫头数），常用的为单线或双线。此时，蜗杆转一圈，蜗轮只转过一个齿或两个齿。因此，用蜗轮、蜗杆传动，蜗杆主动时，可得到很大的降速比。其速比公式如下：

$$i = 蜗轮齿数/蜗杆线数 = z_2 / z_1$$

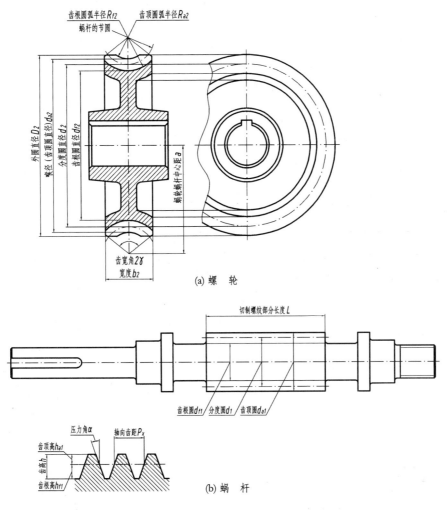

(a) 蜗轮

(b) 蜗杆

图 5-59 蜗轮、蜗杆的各部分名称及其画法

1. 蜗轮、蜗杆的基本参数和尺寸计算

蜗轮、蜗杆的模数是在通过蜗杆轴线并垂直于蜗轮轴线的主截面内度量。在主截面内,蜗轮的截面相当于一齿轮,蜗杆的截形相当于一齿条。因此,相互啮合的蜗轮和蜗杆在主截面内的模数和压力角应彼此相等。

常用蜗杆(阿基米德蜗杆)压力角为 $20°$。

蜗轮的齿形主要决定于蜗杆的齿形。蜗轮一般是用形状与蜗杆相似的蜗轮滚刀来加工的,只是滚刀外径比实际蜗杆稍大一些(以便加工出蜗杆齿顶与蜗轮齿根槽之间的间隙)。但是由于模数相同的蜗杆可能有好几种不同的直径(取决于蜗杆轴所需强度和刚度),就要用不同的蜗轮滚刀来加工。为了减少蜗轮滚刀的数目,不但要规定标准模数,还必须将蜗杆的分度圆直径 d_1 也标准化。表 5-11 列出了标准模数与标准分度圆直径数值。

蜗杆的头数和蜗轮的齿数也是基本参数。根据传动比的需要蜗杆头数可取为 1,2,4,6,蜗轮齿数 z_2 一般取 27~80。

表 5 - 11　标准模数及标准分度圆直径

m	d_1	m	d_1	m	d_1	m	d_1
1	18	2.5	(22.4) 28 (35.5) 45	6.3	(50) 63 (80) 112	16	(112) 140 (180) 250
1.25	20 22.4	3.15	(28) 35.5 (45) 56	8	(63) 80 (100) 140	20	(140) 160 (224) 315
1.6	20 28	4	(31.5) 40 (50) 71	10	(71) 90 (112) 160	25	(180) 200 (280) 400
2	(18) 22.4 (28) 35.5	5	(40) 50 (63) 90	12.5	(90) 112 (140) 200		

当蜗轮、蜗杆的主要参数 m，d_1，z_1，z_2 选定后，它们各部分的尺寸可按表 5 - 12 及表 5 - 13 所列的公式算出。

表 5 - 12　蜗杆的尺寸计算公式

各部分名称	代　号	公　式	说　明
分度圆直径	d_1	根据强度、刚度计算结果按标准选取	基本参数： m—轴向模数； z_1—蜗杆头数； d_1—蜗杆分度圆直径
齿顶角	h_a	$h_a = m$	
齿根高	h_f	$h_f = 1.2\,m$	
齿顶圆直径	d_{a1}	$d_{a1} = d_1 + 2\,m$	
齿根部直径	d_{f1}	$d_{f1} = d_1 - 2.4\,m$	
导程角	γ	$\tan\gamma = m\,z_1 / d_1$	
轴向齿距	p_x	$p_x = \pi\,m$	
导　程	p_z	$p_z = z_1\,p_x$	
螺纹部分长度	L	$L \geqslant (11 + 0.1\,z_2)\,m$，当 $z_1 = 1\sim2$ 时 $L \geqslant (13 + 0.1\,z_2)\,m$，当 $z_1 = 3\sim4$ 时	

2. 蜗轮、蜗杆的画法

蜗轮的画法是：在剖视图上，轮齿的画法与圆柱齿轮相同。在投影为圆的视图中，只画分度圆和外圆，齿顶圆和齿根圆不必画出，如图 5 - 59(a)所示。

蜗杆的画法与圆柱齿轮的画法相同。为了表明蜗杆的牙型，一般都采用局部剖视图画出几个牙型，或画出牙型的放大图，如图 5 - 59(b)所示。

蜗轮、蜗杆啮合的画法如图 5 - 60 所示。在垂直于蜗轮轴线的投影面的视图上，蜗轮的分度圆与蜗杆的分度线要画成相切，啮合区内的齿顶圆和齿顶线仍用粗实线画出；在垂直于蜗杆轴线的视图上，啮合区只画蜗杆不画蜗轮，如图 5 - 60(a)所示。

表 5 - 13 蜗轮的尺寸计算公式

各部分名称	代 号	公 式	说 明
分度圆直径	d_2	$d_2 = m z_2$	基本参数:
齿顶高	h_a	$h_a = m$	m—端面模数;
齿根高	h_f	$h_f = 1.2 m$	z_2—蜗轮齿数
齿顶圆(喉圆)直径	d_{a2}	$d_{a2} = d_2 + 2 m = m (z_2 + 2)$	
齿根圆直径	d_{f2}	$d_{f2} = d_2 - 2.4 m = m (z_2 - 2.4)$	
齿顶圆弧半径	R_a	$R_a = d_1 / 2 - m$	
齿根圆弧半径	R_f	$R_f = d_1 / 2 + 1.2 m$	
外 径	D_2	$D_2 \leqslant d_{a2} + 2 m$,当 $z_1 = 1$ 时 $D_2 \leqslant d_{a2} + 1.5 m$,当 $z_1 = 2 \sim 3$ 时 $D_2 \leqslant d_{a2} + m$,当 $z_1 = 4$ 时	
蜗轮宽度	b_2	$b_2 \leqslant 0.75 d_{a1}$,当 $z_1 \leqslant 3$ 时 $b_2 \leqslant 0.67 d_{a1}$,当 $z_1 = 4$ 时	
齿宽角	γ	$2 \gamma = 45° \sim 60°$,用于分度传动 $2 \gamma = 70° \sim 90°$,用于一般传动 $2 \gamma = 90° \sim 130°$,用于高速传动	
中心距	a	$a = (d_1 + d_2) / 2$	

在剖视图中,当剖切平面通过蜗轮轴线并垂直于蜗杆轴线时,在啮合区内将蜗杆的轮齿用粗实线绘制,蜗轮的轮齿被遮挡的部分可省略不画;当剖切平面通过蜗杆轴线并垂直于蜗轮轴线时,在啮合区内,蜗轮的外圆、齿顶圆可以省略不画,有时蜗杆的齿顶线也可省略不画,如图 5 - 60(b)所示。

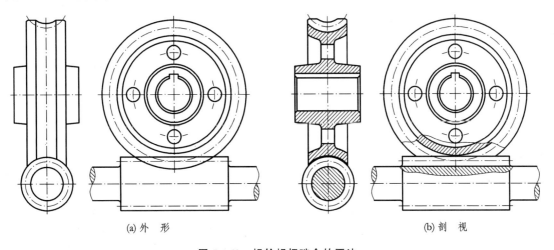

(a) 外 形   (b) 剖 视

图 5 - 60 蜗轮蜗杆啮合的画法

蜗轮、蜗杆啮合图的画图步骤如下：

① 画出蜗轮与蜗杆分度圆的投影，如图 5-61(a)所示。

② 画出蜗杆的投影，如图 5-61(b)所示。

③ 画出蜗轮的投影，如图 5-61(c)所示。

④ 画出其他细节，最后描深，如图 5-61(d)所示。

图 5-62 和图 5-63 是蜗杆和蜗轮的零件图。

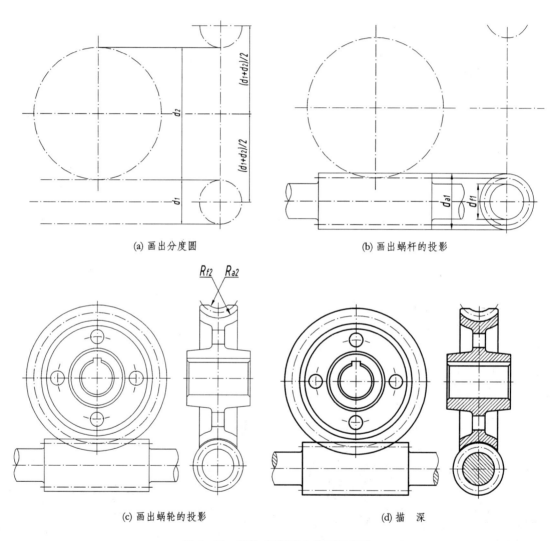

(a) 画出分度圆

(b) 画出蜗杆的投影

(c) 画出蜗轮的投影

(d) 描深

图 5-61 蜗轮、蜗杆啮合的画图步骤

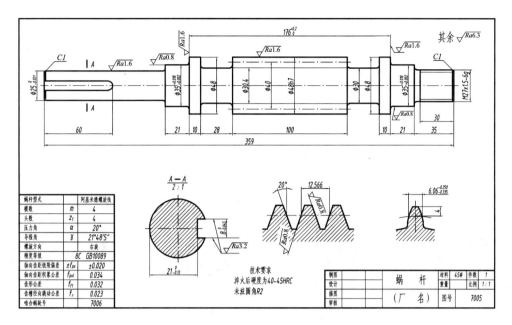

图 5-62　蜗杆零件图

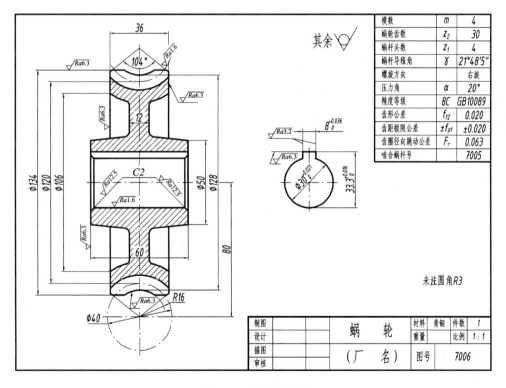

图 5-63　蜗轮零件图

5.4 弹 簧

　　弹簧也是一种标准零件,它的作用是减震、夹紧、储能及测力等。其特点是利用材料的弹性和结构特点,通过变形和储存能量工作,当外力去除后能立即恢复原状。

　　弹簧的种类很多,常见的有金属螺旋弹簧和涡卷弹簧等,如图5-64所示。根据受力情况不同,螺旋弹簧又分为压缩弹簧(见图5-64(a))、拉伸弹簧(见图5-64(b))、扭转弹簧(见图5-64(c))和涡卷弹簧(见图5-64(d))四种。本节重点介绍圆柱螺旋压缩弹簧的画法。

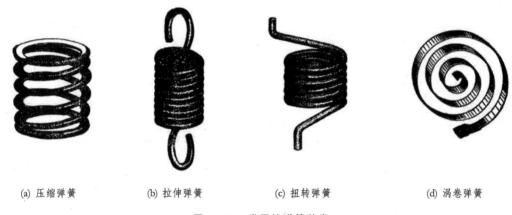

(a) 压缩弹簧　　　　(b) 拉伸弹簧　　　　(c) 扭转弹簧　　　　(d) 涡卷弹簧

图 5-64　常用的弹簧种类

5.4.1　圆柱螺旋压缩弹簧的各部分名称和尺寸关系

　　参看图5-64(a)和图5-65(a)。为使压缩弹簧的端面与轴线垂直,在工作时受力均匀,在制造时将两端几圈并紧、磨平。工作时,并紧和磨平部分基本上不产生弹力,仅起支承或固定作用,称为支承圈。两端支承圈总数采用1.5圈、2圈和2.5圈三种形式。除支承圈外,中间那些保持相等节距,产生弹力的圈称为有效圈。有效圈数是计算弹簧刚度的圈数。有效圈数与支承圈数之和称为总圈数。弹簧参数已标准化,设计时选用即可。下边给出与画图有关的几个参数:

　　(1) 簧丝直径

　　制造弹簧的钢丝直径即簧丝直径 d,按标准选取。

　　(2) 弹簧直径

　　弹簧中径 D——弹簧的平均直径,按标准选取;

　　弹簧内径 D_1——弹簧的最小直径,$D_1 = D - d$;

　　弹簧外径 D_2——弹簧的最大直径,$D_2 = D + d$。

　　(3) 有效圈数 n、支承圈数 n_2 和总圈数 n_1

$$n_1 = n + n_2$$

　　有效圈数按标准选取。

　　(4) 节距 t

　　两相邻有效圈截面中心线的轴向距离,按标准选取。

(5) 自由高度 H_0

弹簧无负荷时的高度。

$$H_0 = nt + 2d$$

计算后取标准中相近值。圆柱螺旋压缩弹簧尺寸及参数由 GB/T 2089—2009 规定。

5.4.2 螺旋压缩弹簧的规定画法

螺旋压缩弹簧在平行于轴线的投影面的视图中,其各圈的轮廓线应画成直线,如图 5 - 65 所示。

螺旋压缩弹簧在图上均可画成右旋。但左旋螺旋弹簧不论画成右旋或左旋,一律要加注"左"字。

有效圈数在四圈以上的螺旋压缩弹簧,中间各圈可以省略不画,如图 5 - 65 所示。当中间各圈省略后,图形的长度可适当缩短。

因为弹簧画法实际上只起一个符号作用,所以螺旋压缩弹簧要求两端并紧并磨平时,不论支承圈数多少,均可按图 5 - 65 的形式绘制。支承圈数在技术条件中另加说明。

在装配图中,当弹簧中间各圈采用省略画法时,弹簧后面被挡住的结构一般不画,可见部分只画到弹簧钢丝的剖面轮廓或中心线处,如图 5 - 66(a)所示。

在装配图中,螺旋弹簧被剖切时,簧丝直径小于 2 mm 的剖面可以涂黑表示,当簧丝直径小于 1 mm 时,可采用示意图画法,如图 5 - 66(b)所示。

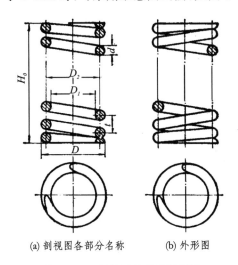
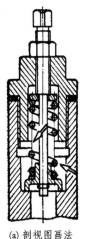
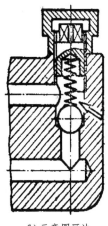

(a) 剖视图各部分名称　　(b) 外形图　　　(a) 剖视图画法　　(b) 示意图画法

图 5 - 65　螺旋压缩弹簧的画法　　　**图 5 - 66　装配图中的弹簧画法**

5.4.3 圆柱螺旋压缩弹簧的画图步骤

已知圆柱螺旋压缩弹簧的簧丝直径 $d = 6$,弹簧中径 $D = 35$,节距 $t = 11$,有效圈数 $n = 6.5$,右旋,其作图步骤如图 5 - 67 所示。

步骤 1:算出弹簧自由高度 H_0,用 D 及 H_0 画出长方形 $ABCD$,如图 5 - 67(a)所示。

步骤 2:画出支承圈部分直径与簧丝直径相等的圆和半圆,如图 5 - 67(b)所示。

步骤 3:画出有效圈数部分直径与簧丝直径相等的圆,如图 5 - 67(c)所示。先在 CD 上根

据节距 t 画出圆2和圆3；然后从1、2和3、4的中点作水平线与 AB 相交,画出圆5和圆6,再根据 t 在7处画圆。

步骤4:按右旋方向作相应圆的公切线及剖面线,即完成作图,如图5-67(d)所示。

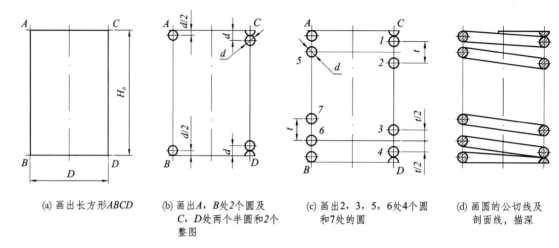

(a) 画出长方形ABCD 　(b) 画出 A,B处2个圆及 　(c) 画出2,3,5,6处4个圆 　(d) 画圆的公切线及
　　　　　　　　　　　C,D处两个半圆和2个　　　　和7处的圆　　　　　剖面线,描深
　　　　　　　　　　　整圆

图5-67　螺旋弹簧的画图步骤

在装配图中画处于被压缩状态的螺旋压缩弹簧时, H_0 改为实际被压缩后高度,其余画法不变。

5.4.4　圆柱螺旋压缩弹簧的标记

(1) 标记方法

弹簧的标记由名称、型式、尺寸、标准编号、材料牌号以及表面处理组成,规定如下:

$$Y①\, d×D×H_0-②③\ GB/T\ 2089④-⑤$$

其中:Y——圆柱螺旋压缩弹簧代号;

$d×D×H_0$——尺寸,单位为 mm;

GB/T 2089——标准号;

①——注写型式代号 A 或 B;

②——注写精度代号(2级精度制造应注明2,3级不表示);

③——注写旋向代号(左旋应注明为"左",右旋不表示);

④——注写材料牌号;

⑤——注写表面处理,一般不表示,如要求镀锌、镀镉及磷化等金属镀层和化学处理时,应在标记注明,其标记方法应按 GB/T 13911—2008 的规定。

(2) 标记示例

YA 型弹簧,材料直径 1.2 mm,弹簧中径 8 mm,自由高度 40 mm,刚度、外径及自由高度的精度为2级,材料为碳素弹簧钢丝 B 级,表面镀锌处理的左旋弹簧的标记为

　　YA 1.2×8×40-2 左 GB/T 2089—2009 B 级-D-Zn

YB 型弹簧,材料直径 30 mm,弹簧中径 150 mm,自由高度 320 mm,材料为 $60Si_2MnA$,表面涂漆处理的右旋弹簧的标记为

　　YB 30×150×320 GB/T 2089—2009

5.4.5 零件图示例

图5-68为圆柱螺旋压缩弹簧零件图示例。从图中可以看出：

弹簧的参数应直接标注在图形上，若直接标注有困难时，可在技术要求中说明。

当需要表明弹簧的负荷与高度之间的变化关系时，必须用图解表示。螺旋压缩弹簧的机械性能曲线成直线。其中：P_1为弹簧的预加负荷，P_2为弹簧的最大负荷，P_3为弹簧的允许极限负荷。

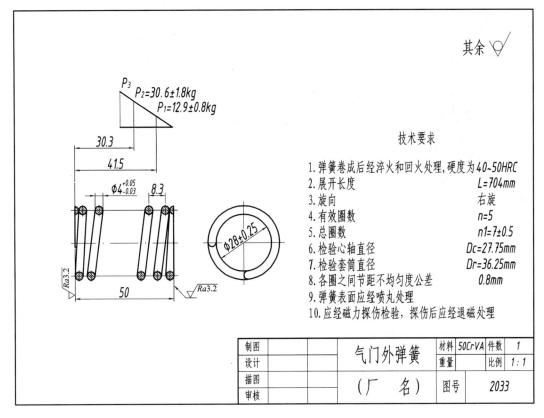

技术要求

1. 弹簧卷成后经淬火和回火处理，硬度为40~50HRC
2. 展开长度   L=704mm
3. 旋向   右旋
4. 有效圈数   n=5
5. 总圈数   n1=7±0.5
6. 检验心轴直径   Dc=27.75mm
7. 检验套筒直径   Dr=36.25mm
8. 各圈之间节距不均匀度公差   0.8mm
9. 弹簧表面应经喷丸处理
10. 应经磁力探伤检验，探伤后应经退磁处理

制图			气门外弹簧	材料	50CrVA	件数	1
设计				重量		比例	1:1
描图			（厂 名）	图号			2033
审核							

图5-68 圆柱螺旋压缩弹簧零件图

5.5 滚动轴承

轴承有滑动轴承和滚动轴承两种。它们的作用是支持轴旋转及承受轴上的载荷。由于滚动轴承的摩擦阻力小，所以在生产中使用比较广泛。

滚动轴承是标准组件，由专门的工厂生产，需用时可根据要求确定型号，选购即可。在设计机器时，不必画滚动轴承的零件图，只要在装配图中按规定画出即可。

5.5.1 滚动轴承的种类

滚动轴承的种类很多，但它们的结构大致相似，一般由四个元件组成，如图5-69所示。

滚动轴承按其受力方向可分为三类：

(1) 向心轴承

主要承受径向力,如图 5-69(a)所示为深沟球轴承。

(2) 推力轴承

只承受轴向力,如图 5-69(b)所示为推力球轴承。

(3) 向心推力轴承

同时承受径向和轴向力,如图 5-69(c)所示为圆锥滚子轴承。

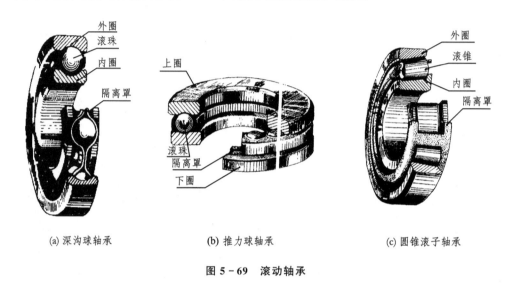

(a) 深沟球轴承　　　　(b) 推力球轴承　　　　(c) 圆锥滚子轴承

图 5-69　滚 动 轴 承

5.5.2　滚动轴承的代号

滚动轴承的种类很多。为便于选用,国家标准规定用代号来表示滚动轴承。代号能表示出滚动轴承的结构、尺寸、公差等级和技术性能等特性。

滚动轴承代号用字母加数字组成。完整的代号包括前置代号、基本代号和后置代号三部分。基本代号表示轴承的基本类型、结构和尺寸,是轴承代号的基础。

1. 基本代号的组成

基本代号由轴承类型代号、尺寸系列代号和内径代号三部分自左至右顺序排列组成。

(1) 类型代号

类型代号采用数字或字母。数字和字母含义如表 5-14 所列。

类型代号有的可以省略。双列角接触球轴承的代号"0"均不写;调心球轴承的代号"1"有时亦可省略。区分类型的另一重要标志是标准号,每一类轴承都有一个标准编号,例如,双列角接触球轴承标准编号为 GB/T 296—2015;调心球轴承标准编号为 GB/T 281—2013。

(2) 尺寸系列代号

尺寸系列代号由轴承的宽(高)度系列代号(一位数字)和直径系列代号(一位数字)左右排列组成。它反映了同种轴承在内圈孔径相同时,内、外圈的宽度和厚度的不同及滚动体大小的不同。显然,尺寸系列代号不同的轴承其外廓尺寸不同,承载能力也不同。向心轴承、推力轴承尺寸系列代号如表 5-15 所列。

表 5 - 14　滚动轴承的类型代号

代　号	轴承类型	代　号	轴承类型
0	双列角接触球轴承	N	圆柱滚子轴承
1	调心球轴承		双列或多列用字母 NN 表示
2	调心滚子轴承和推力调心滚子轴承	U	外球面球轴承
3	圆锥滚子轴承	QJ	四点接触球轴承
4	双列深沟球轴承		
5	推力球轴承		
6	深沟球轴承		
7	角接触球轴承		
8	推力圆柱滚子轴承		

表 5 - 15　滚动轴承的尺寸系列代号

直径系列代号	向心轴承								推力轴承			
	宽度系列代号								高度系列代号			
	8	0	1	2	3	4	5	6	7	9	1	2
	尺寸系列代号											
7	—	—	17	—	37	—	—	—	—	—	—	—
8	—	08	18	28	38	48	58	68	—	—	—	—
9	—	09	19	29	39	49	59	69	—	—	—	—
0	—	00	10	20	30	40	50	60	70	90	10	—
1	—	01	11	21	31	41	51	61	71	91	11	—
2	82	02	12	22	32	42	52	62	72	92	12	22
3	83	03	13	23	33	—	—	—	73	93	13	23
4	—	04	—	24	—	—	—	—	74	94	14	24
5	—	—	—	—	—	—	—	—	—	95	—	—

尺寸系列代号有时也可以省略：
● 除圆锥滚子轴承外，其余各类轴承宽度系列代号"0"均省略；
● 深沟球轴承和角接触球轴承的尺寸系列代号如果是"10"，则其中的"1"可以省略；
● 双列深沟球轴承的宽度系列代号"2"可以省略。

(3) 内径代号

内径代号表示滚动轴承内圈孔径。内圈孔径称为"轴承公称内径"，因与轴产生配合，是一个重要参数。内径代号如表 5 - 16 所列。

2. 基本代号示例

(1) 轴承 6208

6——类型代号，表示深沟球轴承；

2——尺寸系列代号，表示 02 系列（0 可省略）；

08——内径代号，表示公称内径为 40 mm。

表 5-16　滚动轴承的内径代号

轴承公称内径 d/mm		内径代号	示　例
06～10(非整数)		用公称内径值直接表示,在其与尺寸系列代号之间用"/"分开	深沟球轴承 618/2.5 $d = 2.5$ mm
1～9(整数)		用公称内径值直接表示,对深沟及角接触球轴承 7,8,9 直径系列,内径与尺寸系列代号之间用"/"分开	深沟球轴承 625、618/5 均为 $d = 5$ mm
10～17	10	00	深沟球轴承 6200 $d = 10$ mm
	12	01	
	15	02	
	17	03	
20～480(22,28,32 除外)		公称内径值除以 5 的商数,商数为个位数,需在商数左边加"0",如 08	调心滚子轴承 23208 $d = 40$ mm
≥500 以及 22,28,32		用公称内径值数直接表示,但在与尺寸系列之间用"/"分开。	调心滚子轴承 230/500 $d = 500$ mm 深沟球轴承 62/22 $d = 22$ mm

(2) 轴承 320/32

　　3——类型代号,表示圆锥滚子轴承;

　　20——尺寸系列代号,表示 20 系列;

　　32——内径代号,表示公称内径为 32 mm。

(3) 轴承 51203

　　5——类型代号,表示推力球轴承;

　　12——尺寸系列代号,表示 12 系列;

　　03——内径代号,表示公称内径为 17 mm。

(4) 轴承 N1006

　　N——类型代号,表示外圈无挡边的圆柱滚子轴承;

　　10——尺寸系列代号,表示 10 系列;

　　06——内径代号,表示公称内径为 30 mm。

　　当只须表示类型时,常将右边的几位数字用 0 表示,如 6000 就表示深沟球轴承,30000 表示圆锥滚子轴承等。

　　关于代号的其他内容可查阅有关手册。

5.5.3　滚动轴承的画法

　　如前所述,滚动轴承不必画零件图。在装配图中,滚动轴承可以用三种画法来绘制。这三种画法是通用画法、特征画法和规定画法。前两种属简化画法,在同一图样中一般只采用这两种简化画法中的一种。

　　对于这三种画法,国家标准《机械制图 滚动轴承表示法》(GB/T 4459.7—2017)作了如下规定:

1．基本规定

通用画法、特征画法及规定画法中的各种符号、矩形线框和轮廓线均用粗实线绘制。

绘制滚动轴承时，其矩形线框或外框轮廓的大小应与滚动轴承的外形尺寸（由手册中查出）一致，并与所属图样采用同一比例。

在剖视图中，用通用画法和特征画法绘制滚动轴承时，一律不画剖面符号（剖面线）。采用规定画法绘制时，轴承的滚动体不画剖面线，其各套圈可画成方向和间隔相同的剖面线，如图 5-70(a)所示。若轴承带有其他零件或附件（如偏心套、紧定套、挡圈等）时，其剖面线应与套圈的剖面线呈不同方向或不同间隔，如图 5-70(b)所示。在不致引起误解时也允许省略不画。

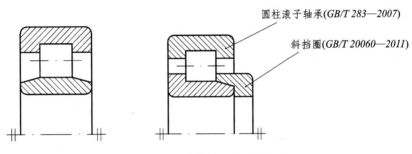

圆柱滚子轴承(*GB/T 283—2007*)

斜挡圈(*GB/T 20060—2011*)

图 5-70　滚动轴承剖面线画法

2．通用画法

在剖视图中，当不需要确切地表示滚动轴承的外形轮廓、载荷特性及结构特征时，用矩形线框及位于线框中央正立的十字形符号表示。十字形符号不应与矩形线框接触，如图 5-71(a)所示。通用画法在轴的两侧以同样方式画出，如图 5-71(b)所示。

当需要表示滚动轴承的防尘盖和密封时，可按图 5-72(a)和(b)绘制；当需要表示滚动轴承内圈或外圈有、无挡边时，可按图 5-72(c)和(d)所示方法，在十字符号上附加一短画线表示内圈或外圈无挡边的方向。

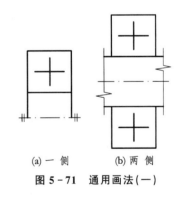

(a) 一侧　　　　(b) 两侧

图 5-71　通用画法(一)

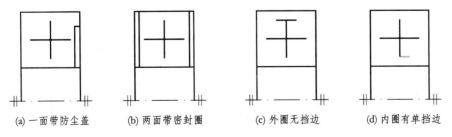

(a) 一面带防尘盖　　(b) 两面带密封圈　　(c) 外圈无挡边　　(d) 内圈有单挡边

图 5-72　通用画法(二)

通用画法的尺寸比例示例如图 5-73 所示，尺寸 d，A，B 和 D 由手册中查出。

如需确切地表示滚动轴承的外形，则应画出其剖面轮廓，并在轮廓中央画出正立的十字符号。十字形符号不应与剖面轮廓线接触，如图 5-74 所示。

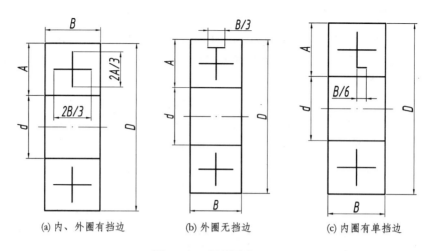

(a) 内、外圈有挡边　　　　(b) 外圈无挡边　　　　(c) 内圈有单挡边

图 5 - 73　通用画法(三)

　　滚动轴承带有附件或零件时,这些附件或零件可以只画出其外形轮廓,如图 5 - 74(a)和(b)所示,也可以为了表达滚动轴承的安装方法而将某些零件详细画出如图 5 - 74(c)所示。

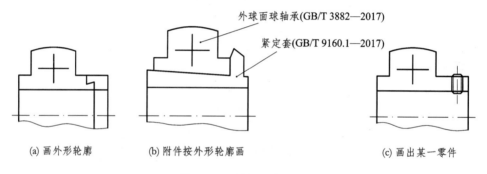

(a) 画外形轮廓　　　　(b) 附件按外形轮廓画　　　　(c) 画出某一零件

图 5 - 74　通用画法(四)

3. 特征画法

　　在垂直于滚动轴承轴线的投影面的视图上,无论滚动体的形状(球、柱和针等)及尺寸如何,均按图 5 - 75 所示的方法绘制。

　　通用画法中有关防尘盖、密封圈、挡边、剖面轮廓和附件或零件画法的规定也适用于特征画法。

　　特征画法亦应绘制在轴的两侧。

　　在剖视图中,如需较形象地表示滚动轴承的结构特征时,可采用在矩形线框内画出其结构要素符号的方法表示。常用轴承的特征画法在表 5 - 17 中列出。

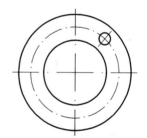

图 5 - 75　滚动轴承轴线垂直于
投影面的特征画法

4. 规定画法

　　规定画法既能较真实、形象地表达滚动轴承的结构和形状,又简化了对滚动轴承中各零件尺寸数值的查找,必要时可以采用。表 5 - 17 列出了常见滚动轴承的规定画法。

在装配图中,滚动轴承的保持架及倒角、圆角等可省略不画。

规定画法一般绘制在轴的一侧,另一侧按通用画法绘制,如表 5 - 17 所列。

表 5 - 17 常用滚动轴承的特征画法和规定画法(GB/T 4459.7—2017)

轴承类型及标准号	特征画法	规定画法
深沟球轴承 (60000 型) GB/T 276—2013	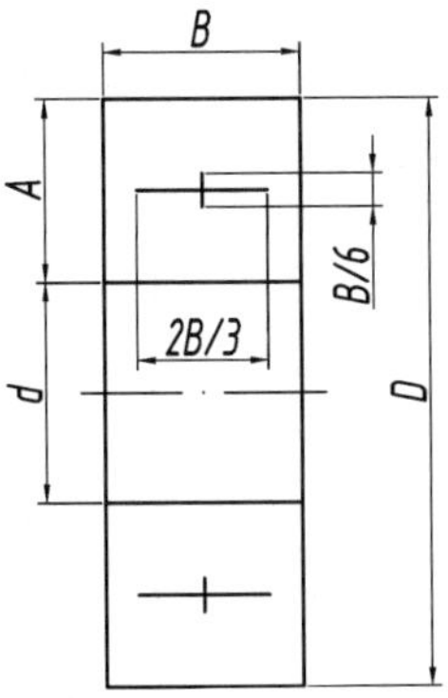	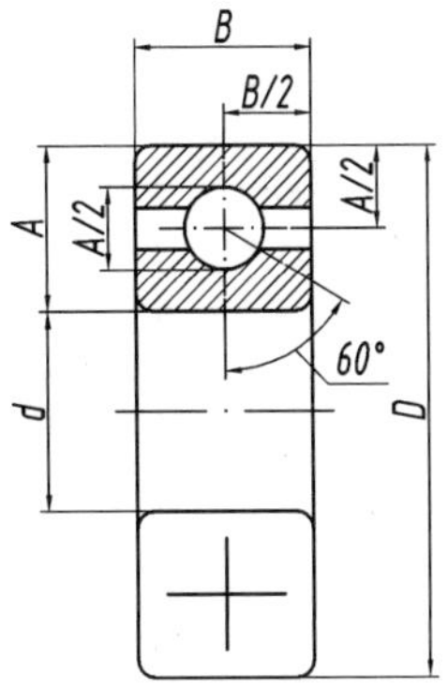
圆柱滚子轴承 (N0000 型) GB/T 283—2007		
推力球轴承 (51000 型) GB/T 301—2015	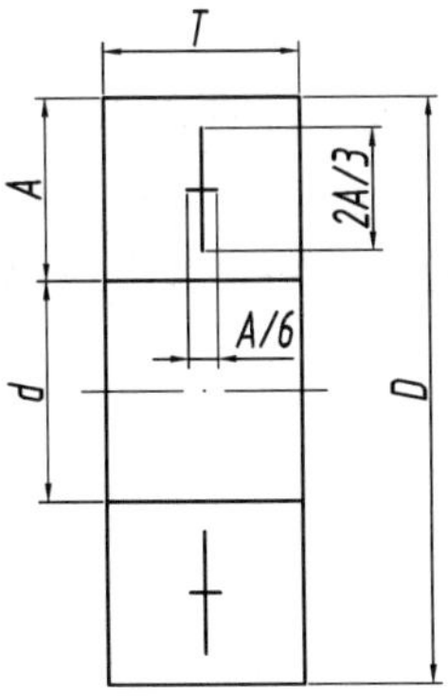	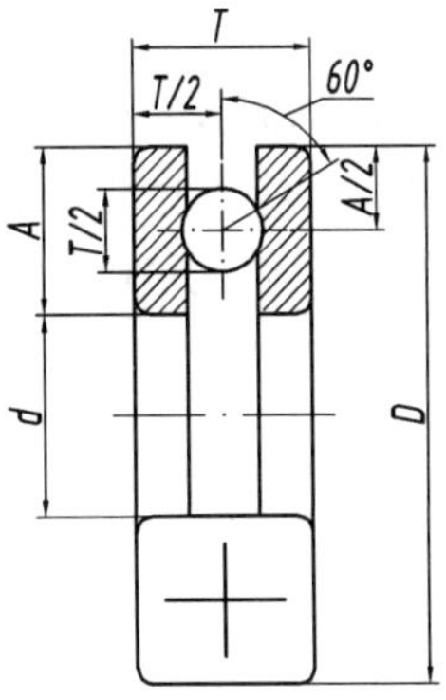

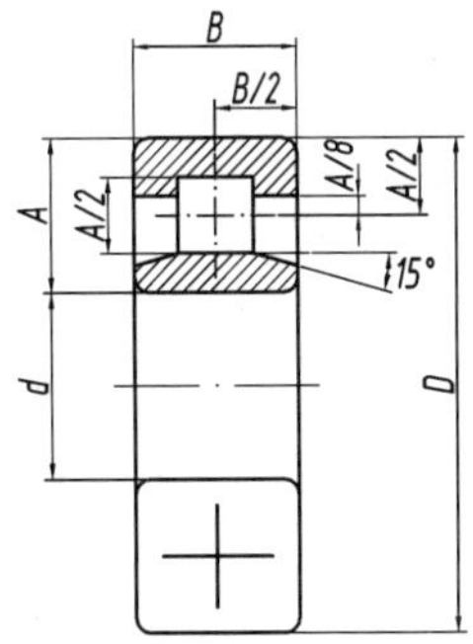

续表 5 - 17

轴承类型及标准号	特征画法	规定画法
角接触球轴承 （70000 型） GB/T 292—2007		
圆锥滚子轴承 （30000 型） GB/T 297—2015		

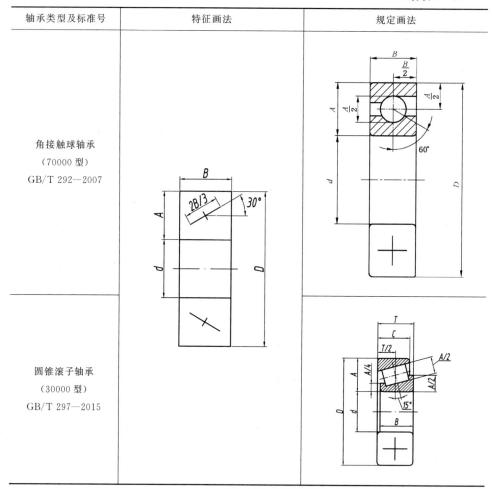

   需要说明的是，国家标准《机械制图 滚动轴承表示法》（GB/T 4459.7—2017）中规定，在采用规定画法绘制滚动轴承的剖视图时，轴承的滚动体不画剖面线，其各套圈等一般应画成方向和间隔相同的剖面线，在不致引起误解时，也允许省略不画。而在《滚动轴承 外形尺寸》系列 GB/T 276—2013、GB/T 283—2007 等多个国家标准给出的滚动轴承图样中，各套圈的剖面线方向均相反。因此，在工程图样中，这两种画法均有出现，都是正确的。

第6章　装配图与结构设计基础

机械系统的设计完成后,往往以图样的形式提交成果。机械系统设计图样资料主要有装配图、零件图和设计说明书。装配图是相关设计人员了解设计内容、设计质量和加工装配的重要技术文件。工艺师将根据系统及装配图技术要求绘制工作装配图,并设计零件的整个加工工艺过程。因此,设计图样也是施工的技术依据。现代设计图样一般有纸图样和电子图样。掌握机械系统装配和零件图样的表达是机械结构设计的基础,也是工程设计人员必须具备的技能。本章将以机械结构设计为背景,讨论机械装配图、零件图的设计要求、方法、内容和电子图样的生成。

6.1　装配图的内容与要求

6.1.1　装配图的作用

设计师在设计一个机器或部件时,通常是根据客户提出的要求先设计好机器的部件,并画出其装配图,再根据部件装配图及相应的资料设计其中的每一个零件,绘制零件图。所以说,装配图是零件设计的依据。此外,装配图还充分表达了设计师的设计意图,即所利用的工作原理,如:离心、偏心、斜面及螺旋等。另外,当部件在进行装配时,装配图也是必不可少的,它是装配工作必需的技术资料。最后,当部件在使用中,某个部分出现故障时,维修人员必须根据装配图来了解部件的详细结构,判断或估计到底是哪个零件发生损坏,并决定拆卸分解该部件的详细步骤。综上所述,装配图的作用可以归纳为下述几个方面:

① 是零件设计的依据;
② 说明该部件的工作原理;
③ 是部件装配的必要资料;
④ 是维修该部件的重要技术资料。

6.1.2　装配图的内容

根据上述装配图的作用,装配图必须包含以下几方面的内容:

① 一组视图。装配图必须有一组视图,其视图数量根据部件结构的复杂程度而定。它应能充分表达部件的工作原理和装配关系。

② 标注尺寸。装配图上无须标注零件的尺寸,但必须标注与零件设计有关的一些尺寸,以及影响机器性能的某些重要尺寸等;此外,还应标出部件的轮廓尺寸,即长、宽、高等尺寸,以便估计该部件所占空间,或设计其包装箱尺寸等;最后,还应标注出该零部件安装时所必需的安装尺寸等。因此,装配图中必须标出以下几种尺寸:

—— 配合尺寸和装配协调尺寸;

—— 外形尺寸;

— 安装尺寸;

— 影响性能的某些重要尺寸;

— 说明该部件性能的规格尺寸。

③ 技术要求。在装配图中一般还应标注出为保证该部件工作质量必须采取的一些措施和要求,如试验或检验等,通常称为技术要求,写在标题栏上方。如果这种要求很多,可以另附说明。

④ 标题栏和明细表。装配图上必须包括设计师对部件中每个零件的命名、编号及材料选择等内容。这些内容应按规定填写在标题栏上方的明细表中。此外,在标题栏中还应填写部件的名称、编号及设计师的签名等内容。

6.2　机械设计中常见的装配关系

如前所述,装配图的一个非常重要的作用,即表示部件中零件之间的装配关系和部件的工作原理。学习装配图绘制方法的一个很重要方面,即如何正确绘制零件间的装配关系。零件的装配关系有很多种,如配合关系、连接关系、传动关系、螺旋运动关系、零件间的轴向定位关系及整个轴系的定位关系,此外还有密封关系、零件装配时的对中关系等。只有充分了解这些装配关系才能正确地把这种关系表达出来,而更多地接触一些常见的、基本的装配关系对正确地绘制装配图,甚至正确设计一个机器部件都是至关重要的。下面是一些常见的装配关系画法及正误对比和举例。

1. 配合与非配合

基本尺寸相同的两零件装配在一起称为配合。在装配图上,在配合处,两零件用同一条线表示。如图 6-1(a)所示,当零件基本尺寸不同,哪怕只差很小如0.3或0.5也要画成不接触,甚至要夸大画出,如图 6-1(b)所示的 $\phi51$。此外从图中可以看出,实心轴通常不剖切,相邻的两零件剖面线均为 45°,但方向应相反。

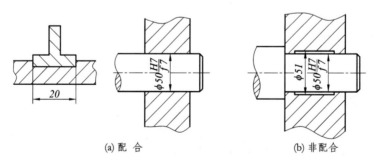

(a) 配合　　　　　　　　　　　(b) 非配合

图 6-1　配合与非配合的画法

2. 键连接

键连接通常用于轴和其上的零件,如齿轮、传送带轮等零件的连接。目的是使它们成为一个整体,即当轮转动时轴也转动,轴转动时轮也转动。在装配图中可以采用图 6-2 的画法。此时,剖切平面通过轴和轮的对称中心。从图中可以看出,为了将整个键都表示出来,必须将轴作局部剖,即键不剖,轮全剖。沿键的长度方向剖切时,键不剖。垂直键的长度方向剖切时,键必须剖断。图中所用的键,装配时在顶面有间隙,应画两条线表示。

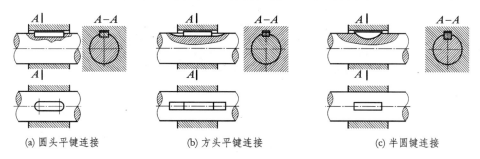

(a) 圆头平键连接　　　　　(b) 方头平键连接　　　　　(c) 半圆键连接

图 6 - 2　键连接的画法

由于键的尺寸是标准的,其高度和宽度与轴的直径有关。因此,在装配图中键连接通常用一个视图表示,即图中的主视图即可,如图 6 - 3 所示。

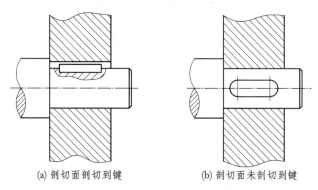

(a) 剖切面剖切到键　　　　　　(b) 剖切面未剖切到键

图 6 - 3　表示轴和轮用圆头平键连接

图 6 - 4 是常见的错误画法。

图 6 - 4(a)中的错误画法是:①和③处没有画间隙;②处孔的键槽没有穿通。

图 6 - 4(b)中的错误画法是尺寸注法不对:主视图上表示不出真实直径。侧视图上不宜这样标注键槽深度。

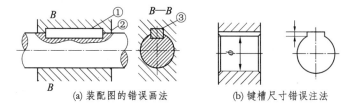

(a) 装配图的错误画法　　　　　(b) 键槽尺寸错误注法

图 6 - 4　常见错误画法

图 6 - 5 是花键连接的画法。

3. 销钉连接

销钉也可以用于轴与其上零件的连接。图 6 - 6 是销钉连接装配关系的画法,此时实心销钉不剖,但轴必须作局部剖切,才能清楚地表达出连接关系。其画法如下:

　① 沿销的轴线剖切时,销不剖,用外形线表示,如图 6 - 6(a)所示。

　② 垂直销的轴线剖切时,销必须剖切,并画出剖面线,如图 6 - 6(b)所示。

③ 圆锥销可以稍夸大画,以便看清锥度,如图 6－6(c)所示。

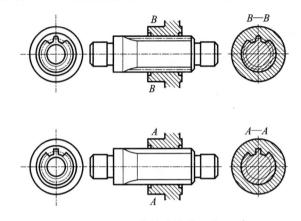

图 6－5　花键连接的画法

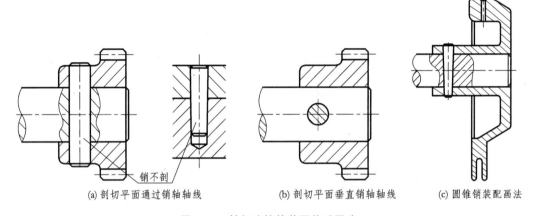

(a) 剖切平面通过销轴轴线　　　(b) 剖切平面垂直销轴轴线　　　(c) 圆锥销装配画法

图 6－6　销钉连接的装配关系画法

4．螺纹连接的装配关系

螺纹连接是两个零件通过螺纹连接成一个整体。其装配关系是,画图时外螺纹与内螺纹的大径与小径应分别相等。一般情况下,内螺纹的深度应比外螺纹的旋入长度长些。如图 6－7 所示,即 L_2(内螺纹的深度)应大于外螺纹的旋入长度 L_1。从图中还可看出,外螺纹的长度 L 应大于其旋入长度 L_1。更重要的是,有时由于结构要求,外螺纹必须旋入到位。为了达到这个要求,外螺纹要全长刻螺纹,此时应在根部做成退刀槽,如图 6－8 所示。此外,还要考虑如何使外螺纹方便旋入,并连接牢固。通常应设有为扳手转动所必需的平面或其他结构,如图中 $\phi 2$ 孔。

图 6－9 中,螺盖采用螺纹与阀体连接,图 6－9(a)是正确画法,图(b)是错误画法,原因是确定螺盖在装配图位置的是其端面 A,它必须与阀体上端面接触,因此这种画法的装配关系不正确。图 6－9(a)中的螺盖,其底面是装配基准面,注意图 6－9(a)与(b)的装配位置的差别。

与图 6－9 相比较,图 6－10 是更复杂的螺纹连接装配关系。它增加了一个螺杆,用它可以调节弹簧伸缩量。使进口可以适用于不同油压情况,扩大了使用范围。当需要调节时,必须先将螺母松开,转动螺杆到需要的位置后,再将其拧紧,达到锁紧的目的。弹簧应使活门紧贴住阀体上。阀盖必须压住垫片,垫片必须被压在阀体上。所以,画图时应先画阀体,再画垫片,最后再画阀盖。这就是螺纹连接的装配关系。

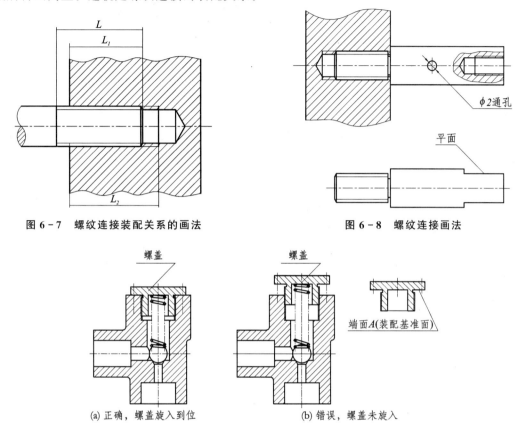

图 6-7　螺纹连接装配关系的画法

图 6-8　螺纹连接画法

(a) 正确,螺盖旋入到位

(b) 错误,螺盖未旋入

图 6-9　螺纹连接装配画法

5. 轴及轴上零件的轴向定位

　　一般情况下,机器部件由许多轴构成,每个轴上会有许多零件,因此有时称其为轴系。轴系中的每个零件都必须轴向定位,最后将整个轴连同其上的零件装到机箱里,此时还要考虑整个轴系的定位。因此在画装配图时,必须要正确画出轴向定位的装配关系。

　　图 6-11 中都是用紧固螺钉作轴向定位。显然,这种结构轴套能承受的轴向力很小,通常用于仪器仪表的旋扭受力不大的情况。在表达装配关系时,注意应将轴局部剖。

　　图 6-12(a)中齿轮在轴上左边用轴环定位,右边用卡簧(挡圈)定位,但由于卡簧能承受的轴向力有限,所以它适用于齿轮轴向力不大的情况。图 6-12(b)是右边用轴套作轴向定位。图 6-12(c)是两个圆螺母做轴向定位。它们都允许齿轮有较大的轴向力。图 6-13 是它们不正确的装配关系画法。

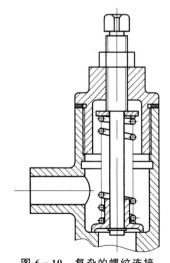

图 6-10　复杂的螺纹连接装配关系的画法

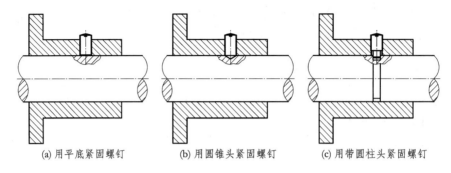

(a) 用平底紧固螺钉　　　　(b) 用圆锥头紧固螺钉　　　　(c) 用带圆柱头紧固螺钉

图 6-11　用紧固螺钉作轴向定位

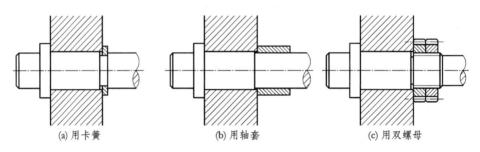

(a) 用卡簧　　　　　　(b) 用轴套　　　　　　(c) 用双螺母

图 6-12　轴向定位正确的装配关系画法

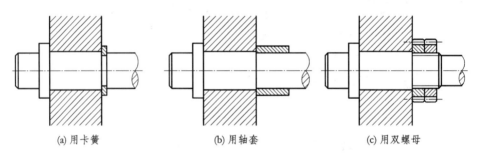

(a) 用卡簧　　　　　　(b) 用轴套　　　　　　(c) 用双螺母

图 6-13　轴向定位不正确的装配关系

图 6-14 是典型的轴承及其零件轴向定位的例子。其中,两端轴承盖可以说是整个轴系定位所需的零件。因为它们顶住了左右两个轴承,整个轴系就不能左右移动了。

从图 6-14 可以看出,这是个常见的轴系。轴上装有一个齿轮和两个滚动轴承,齿轮的轴向定位,左边采用轴环,右边采用轴套,当装上两端轴承后就可以构成一个轴系。然后,再将整个轴系装入箱体中。图中还可以看出,箱体与箱盖是上下分离的,即箱体在下,箱盖在上,最后装上左右端盖。这样,整个轴系的左右位置就确定了。

从图 6-14 中还可以看出,为了正确画出轴系的装配关系,必须按装配顺序画图。通常可以有两种方法:一种是先画轴及轴系,再画箱体;另一种是先画箱体,再画轴系。先画轴系的方法其顺序如下:

先画轴→轴环→齿轮→轴套→右滚动轴承→右端轴承盖→左滚动轴承→左端盖→箱体→箱盖。

下面以图 6-15 简单球形阀为例说明其装配关系。

当转动手轮 08 时,通过手轮中部的四棱柱孔带动阀杆 07 上部的四棱柱轴,使阀杆随之转动,阀杆中部为螺纹,由于阀盖02上也有相同的螺纹孔,且阀盖不动,故阀杆边旋转边作轴向移动,使阀门开启或关上。

尺寸协调$L_1 < L_3$, $L_2 < L_3 + L_4 + L_5$

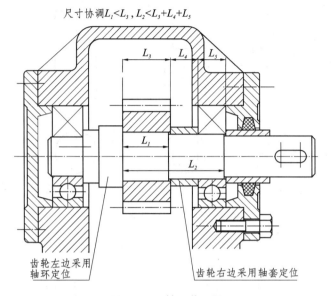

齿轮左边采用
轴环定位

齿轮右边采用轴套定位

图 6-14 轴系装配图

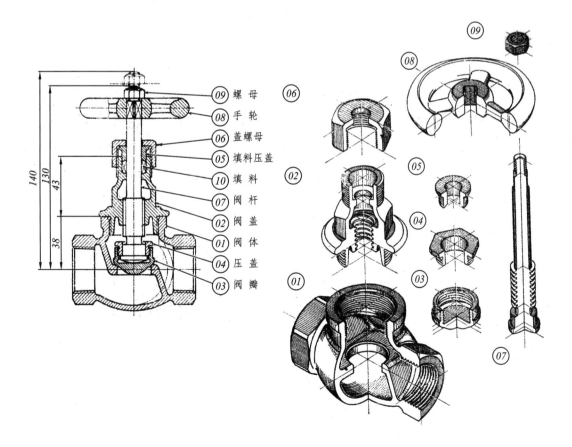

09	螺 母
08	手 轮
06	盖螺母
05	填料压盖
10	填 料
07	阀 杆
02	阀 盖
01	阀 体
04	压 盖
03	阀 瓣

140
130
43
38

图 6-15 球形阀

阀杆上部的四棱柱轴用矩形对角线(细线)表示。对角线为平面符号,表示它是平面而不是圆柱面。如图 6-16 所示为用平面符号表示平面。

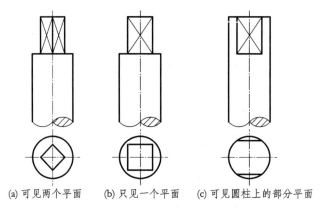

(a) 可见两个平面　　　(b) 只见一个平面　　　(c) 可见圆柱上的部分平面

图 6-16　平面符号表示平面

手轮上部用垫圈和螺母作轴向定位,以确保手轮被压紧。图 6-17 所示是正误装配关系的图例。

当阀门开启时,阀门上部即有液体或气体,且会从阀杆与阀盖间的缝隙漏出。为防止泄露,通常需要采用密封装置,最简单的密封装置如图 6-18 所示,在阀盖上部作出一圆柱孔,孔底作成锥形,以便填放填料,在填料上部加上填料压盖。它的底部也作成锥形,使它对填料形成径向压力,以利于密封。上部用盖螺母靠螺纹使它紧压在填料压盖上。图 6-18 是这种密封装置的正确装配关系。

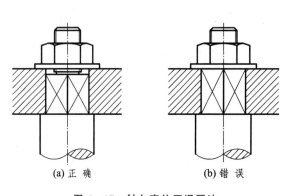

(a) 正　确　　　　　(b) 错　误

图 6-17　轴向定位正误画法

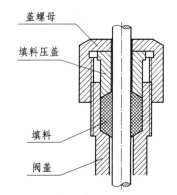

盖螺母
填料压盖
填料
阀盖

图 6-18　填料密封正确的画法

图 6-19 是两种常见的不正确装配关系。其中,图 6-19(a) 的错误在于填料压盖只能靠下端的锥面(装配基准面)与填料接触,不能同时又使其上端面与阀盖接触;图 6-19(b) 的错误在于盖螺母应继续拧下至与填料压盖接触,以便通过它使填料压紧。填料压盖的最大外圆尺寸不应大于螺纹的小径,否则螺母无法旋入。此外填料应塞满,并且与阀杆接触,否则无法密封。

图 6-20(a) 中阀杆的底部作成锥面,与阀体锥面相接触,以便密封。但此时在工作中,当螺杆拧紧到位时,螺杆的锥面与阀体的锥面有相对转动,产生摩擦,影响到零件的寿命。所以有时要采用分离式结构,即螺杆做成三个零件,如图 6-20(b) 所示。真正与阀体接触的零件是阀瓣,它只受阀杆的压力而不旋转。压盖的作用是当阀杆提升时,能把阀瓣也向上带起。

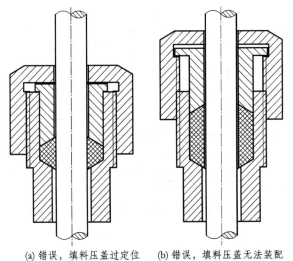

(a) 错误，填料压盖过定位   (b) 错误，填料压盖无法装配

图 6 - 19　填料密封不正确的画法

图 6 - 20(c)是错误的装配关系,首先压盖是无法装进去的,其次它不应压着螺杆,因为这样阀瓣要与阀杆一起转动,而这正是这种结构要避免的。

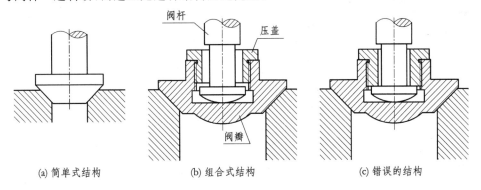

(a) 简单式结构   (b) 组合式结构   (c) 错误的结构

图 6 - 20　阀瓣正确结构及其画法

上述图例说明,表达正确的装配关系是何等重要,否则画出的装配图是没有意义的,因为照此图纸加工出来的零件可能达不到正确的装配关系或甚至是无法装配的。而正确的装配关系,只有在正确理解部件工作原理之后才能达到,因此应很好地理解工作原理。

6.3　机械设计中装配结构的表达

6.3.1　一般表达方法

如前所述,装配图应着重表达部件的工作原理与装配关系。为了表达部件内零件的工作情况,零件图所采用的剖视图画法,如全剖视、半剖视和局部剖视等照样可以应用。例如图 6 - 21 是个平口钳的装配图。因为不对称,主视图采用了全剖视图。图中,丝杠为实心轴不作剖切,即不画剖面线,其中部与螺母用梯形螺纹 Tr26×6 传动,其左端部的两个螺母与垫圈都是标准件,也不用剖切。

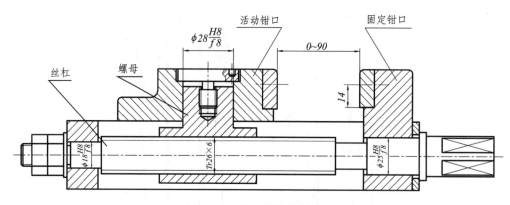

图 6-21 平口钳的装配关系

图 6-22 为最简单的千斤顶。主视图采用局部剖视图。图中画出千斤顶的最高位置 210 mm,然后用双点划线画出最低位置,并标上此时尺寸 153 mm。此外,因为采用非标准的方牙螺纹,故对螺杆的螺纹采用局部剖面,并标上尺寸即大径 $\phi22$,小径 $\phi18$ 和螺距 2 mm。

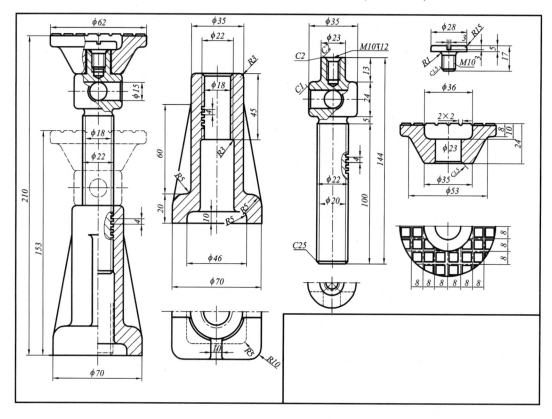

图 6-22 简单千斤顶装配图

6.3.2 装配图的特殊表达方法

除上述与零件图相同的一般表示方法之外,装配图上还常采用两种特殊的表示方法,即拆卸画法和拆卸剖视法。

1. 拆卸画法

有时部件的上部或前部的零件比较大,如手轮、皮带轮等零件,因此,在画俯视或左视图时,它们会挡住后面的部分零件,使部件的形状表达不清楚。在这种情况下,允许将这类零件拆卸下来,以利于后面零件的表达。这种画法称为拆卸画法。如果这类零件仍须表达,则可以在图上另作表示。图 6-23 是拆卸画法的图例。

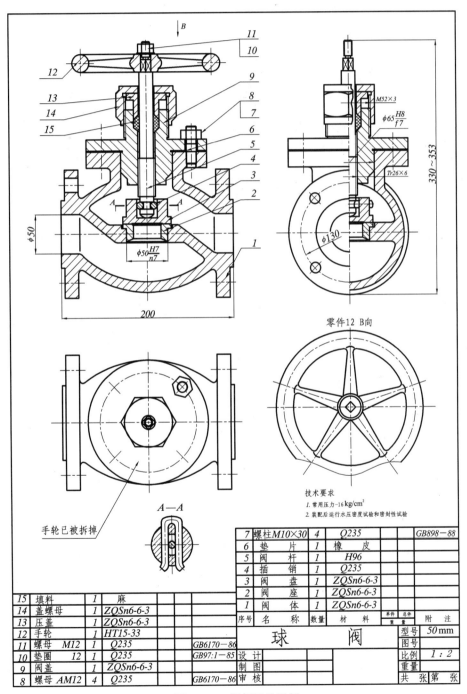

图 6-23 拆卸画法图例

2. 拆卸剖视法

对于某些部件,有时需要表达部件内部零件的形状及装配关系,就如同将部件的壳盖或箱盖打开一样。因此,装配图常采用沿着箱体和箱盖或壳体和壳盖,或泵体和泵盖的接触面剖切的方法。这种剖切方法通常可能只剖切到轴和螺栓、螺钉及销钉等零件,作图非常简单。这种剖切方法通常称拆卸剖视法。因为剖切位置非常明显,有时甚至都可以不画剖切符号就能理解。图 6-24 中齿轮泵装配图,侧视图作了拆卸剖视 A—A。

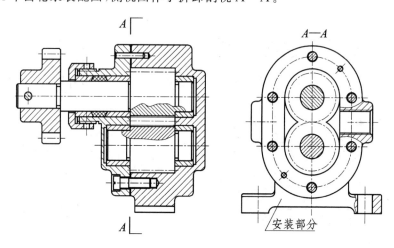

图 6-24 齿轮泵

在图 6-24 的齿轮泵主视图中所示的销钉并不在剖切面上,它是不对称的。但在主视图上,实际上也把销钉当成在剖切平面上。也就是说,把销钉旋转到垂直的位置上。这样既能表示泵体与泵盖的连接关系(螺钉连接),又能表示它们之间装配时的定位关系(用销钉对中)。

6.4 绘制机械设计图的方法与步骤

6.4.1 装配基准面

画装配图的最关键问题是如何正确地画出部件的装配关系。为了正确地画出零件间的装配关系,特别要注意每个零件的装配基准面。所谓装配基准面,即确定零件在装配体中位置的那个面。每个零件都有一个装配基准面,因此只要按每个零件的装配基准面画装配图就能保证正确的装配关系。图 6-25 是一个比较完整的轴系装配图。

图 6-26 是其零件的系列图。系列图基本上反映了其装配顺序,当然也是将来画装配图的顺序。在系列图上可以看出每个零件的装配基准面。

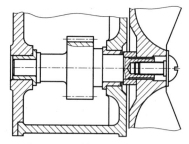

图 6-25 轴系装配图

从图 6-26 中可以看出,壳体上内孔 ϕ 的端面是最初的基准面。所以,为正确表达这个轴系的装配关系,首先应画壳体零件。这样就有了最初的基准面。其次是画右衬套,然后画齿轮轴和左衬套,最后画端盖,如图 6-27(a)所示。注意,端盖的基准面是它的右端面,它应与壳

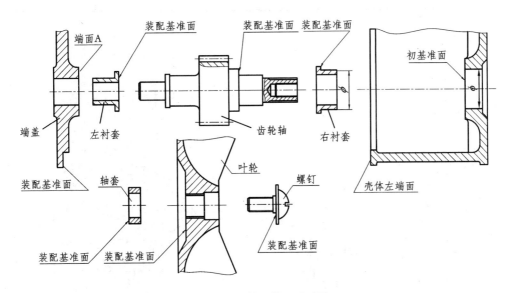

图 6 - 26 轴系装配系列图

体的左端面接触。当然,正确的装配关系是端盖装配后,其端面 A 应恰好与衬套的左端面接触,否则满足不了装配关系的要求。所以,这时也可检验零件图的尺寸是否正确,即壳体端面的位置(即深度尺寸)尺寸 L_1,应等于右衬套凸缘宽度尺寸 A、加上齿轮轴尺寸 B、加上左衬套凸缘宽度尺寸 C 再加上端盖尺寸 D,即 $L_1 = A + B + C + D$,如图 6 - 27(b)所示。

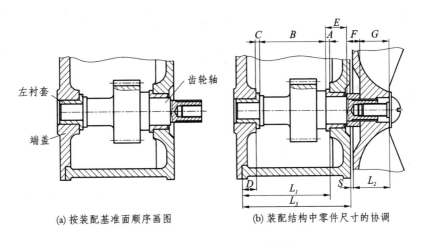

(a) 按装配基准面顺序画图   (b) 装配结构中零件尺寸的协调

图 6 - 27 装配图画法与尺寸协调

此外,为了保证叶轮能正常的转动,它必须与壳体右端有一个距离(或间隙)S,从图 6 - 27 中可以看到,为了保证这个间隙,几个零件的某些尺寸必须有严格的协调,即

$$L_3 + S + L_2 = D + C + B + E + F + G$$

亦即

$$S = D + C + B + E + F + G - L_2 - L_3$$

通常可通过改变一个较简单的零件如垫套的尺寸 F 来控制间隙 S 的大小,如图 6 - 27(b)所示。

现以图 6 - 28 为例说明如何画柱塞泵的装配图。

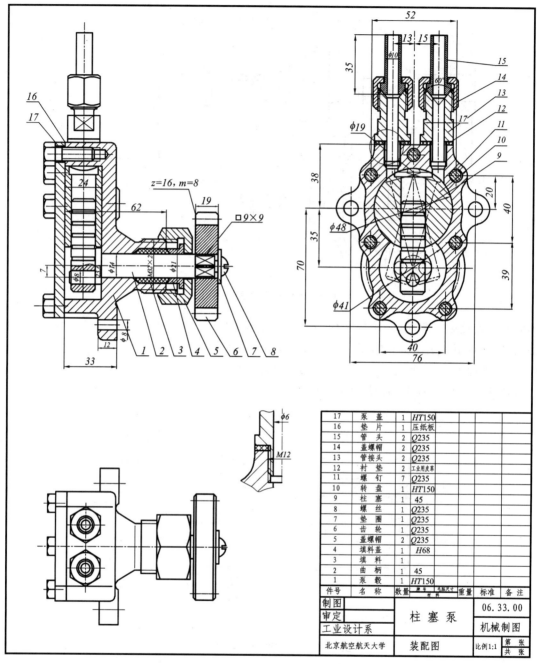

图 6-28 柱塞泵的装配图

17	泵 盖	1	HT150	
16	垫 片	1	压纸板	
15	管 头	2	Q235	
14	盖螺帽	2	Q235	
13	管接头	2	Q235	
12	衬 垫	2	工业用皮革	
11	螺 钉	7	Q235	
10	转 盘	1	HT150	
9	柱 塞	1	45	
8	螺 丝	1	Q235	
7	垫 圈	1	Q235	
6	齿 轮	1	Q235	
5	盖螺帽	1	Q235	
4	填料盖	1	H68	
3	填 料	1		
2	曲 柄	1	45	
1	泵 毂	1	HT150	

件号	名 称	数量	图号 材料 毛坯尺寸	重量	标准 备 注

制图			06.33.00	
审定		柱 塞 泵		
工业设计系			机械制图	
北京航空航天大学		装配图	比例1:1	第 张 / 共 张

6.4.2 装配图的画图步骤

1. 了解并分析装配体部件的工作原理

图 6-28 是个柱塞泵的装配图。柱塞泵用于液压系统中,是提供能源的装置,其主要零件是偏心轴、柱塞、转盘、泵体及泵盖等。当偏心轴转动时,其偏心轴径会带动柱塞上下运动。柱塞上部装入转盘的孔中。转盘为一实圆柱体,装在泵体中,其中部作出一与柱塞直径相同的

孔。这样,当偏心轴旋转时,柱塞不仅上下运动,还随转盘绕其中心摆动。当偏心轴顺时针运动时,柱塞向下运动,油从进油口 A 被吸入;当偏心轴继续转动时,油从出油口被排出。所以,偏心轴每转一圈,完成一次进油和排油。这就是油泵的工作原理。

2. 选择视图方案

首先,选择主视图。主视图应选择能充分表达部件的工作原理和装配关系的视图,一般应采用剖视图,以表达内部零件的传动和连接等关系。显然,本柱塞泵应选择通过曲轴和柱塞对称面剖切的全剖视图作主视图。这个主视图可以清楚地表达偏心轴的长度、曲柄的半径、偏心轴的轴向定位、密封以及柱塞运动的最高和最低位置。其次,选择其他视图。此时,首选的视图应该是俯视图和左视图,再根据部件本身的复杂程度判别是否应同时选用这两个视图。在充分对这两个视图作适当的剖视后,看是否能将部件的装配关系充分表达清楚,并考虑是否还要增加其他视图。柱塞泵俯视图不采用剖视图,只画其外形,而左侧视图采用了通过柱塞中心平面且通过进出油孔的剖视图。这个图能清楚地反映出偏心轴旋转和柱塞运动与进出口的关系。

通过这三个基本视图,已经将柱塞泵的工作原理和装配关系完全表达清楚了。

3. 画装配图的具体步骤

① 确定比例,选择图幅,进行图面布置,即大致将三个视图布置在图幅里。注意每个视图的大致轮廓,画出其主要轴线和轮廓线,视图之间留足标注尺寸及编号的位置,特别是明细表的位置,如图 6 - 29 所示。

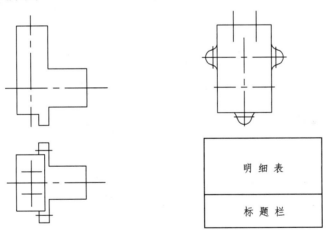

图 6 - 29　装配图画图步骤(一)

② 先画主要零件的视图,可以先画内部零件,也可以先画外部零件。本装配图采用后者画法,即先画泵体零件的三视图,特别是主视图的全剖视图,提供出最初的基准面,如图 6 - 30 所示。

③ 按装配关系画出偏心轴的装配关系(主视图),即泵体→转盘→柱塞(上、下装配关系)→曲柄(偏心轴)→填料密封→填料盖→盖螺母→传动齿轮→垫圈→螺钉。然后画出泵盖和螺钉。最好主、侧视图同时画出。画螺钉允许采用简化画法,即只画出其中一个的装配图,其他只画出中心线或轴线。画剖面线时应该注意相邻两零件的剖面线方向应相反,实在不能画相反时也可用剖面线间隔不等来区分,零件大时间隔大些,反之则小些,如图 6 - 31 所示。

④ 标注出装配图的 5 种尺寸,并编号,填写明细表,如图 6 - 32 所示。

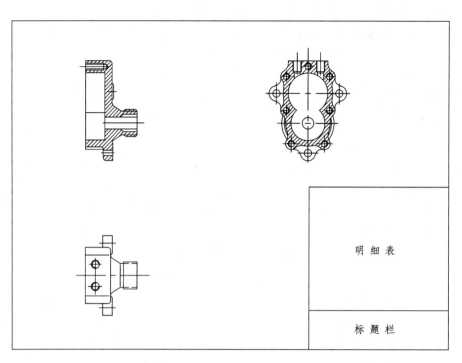

图 6-30 装配图画图步骤(二)

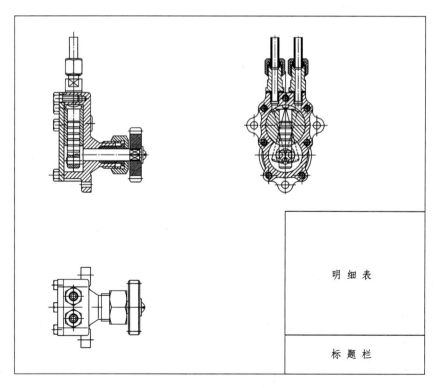

图 6-31 装配图画图步骤(三)

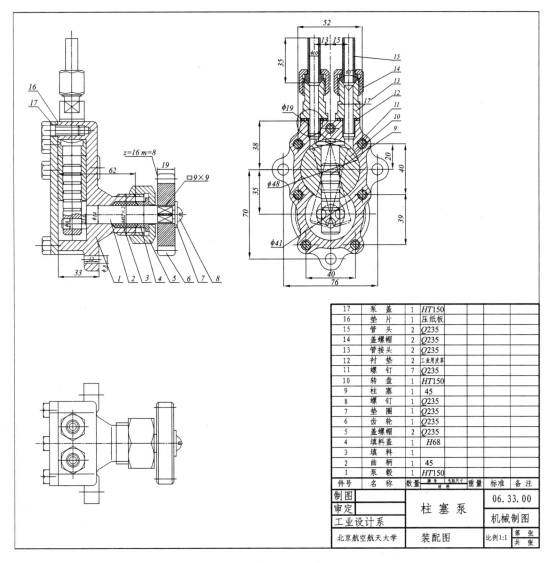

17	泵 盖	1	HT150		
16	垫 片	1	压纸板		
15	管 头	2	Q235		
14	盖螺帽	2	Q235		
13	管接头	2	Q235		
12	衬 垫	2	工业用皮革		
11	螺 钉	7	Q235		
10	转 盘	1	HT150		
9	柱 塞	1	45		
8	螺 钉	2	Q235		
7	垫 圈	1	Q235		
6	齿 轮	1	Q235		
5	盖螺帽	2	Q235		
4	填料盖	1	H68		
3	填 料	1			
2	曲 柄	1	45		
1	泵 载	1	HT150		
件号	名 称	数量	毛坯尺寸 材料	重量	标准 备 注

制图		柱 塞 泵	06.33.00
审定			机械制图
工业设计系			
北京航空航天大学		装配图	比例1:1 第 张 共 张

图 6-32 装配图画图步骤(四)

⑤ 描粗,如图 6-28 所示。

⑥ 仔细检查并在制图栏签名。

6.4.3 装配图中的零件序号、标题栏和明细表

为了使生产人员工作方便,在装配图上要对所有零件和部件进行编号,并在标题栏的上方或另外的纸上填写明细表。这一切都是为机械产品的装配、图纸管理、备料、编制购货订单和有效地组织生产等服务的。

1. 怎样编写零件序号

为了使图面清晰,便于看图,图中每个零件都应编上序号。编零件序号应遵守制图标准。编写零件序号的要求如下:

① 装配图上,每种零件只应编一个序号。如有几个零件相同时(结构形状、尺寸和材料都

相同),在图中只对一个零件编序号,其数量在明细表的相应表格里填写。如图 6 - 32 的螺钉
11 数量是 7 个,但序号只编一个。对形状相同而尺寸或材料不同的零件仍应各自编号。

② 指引线应从所指零件的可见轮廓线内引出,并在末端画一个小圆点,指引线另一端画
一水平短线或小圆圈,如图 6 - 33(a)所示。

③ 指引线尽可能分布均匀,不得相交。当指引线通过有剖面线的区域时,应尽量不与剖
面线平行。

④ 指引线可以画成折线,但只允许曲折一次,如图 6 - 33(b)所示。螺纹连接件以及装配
关系清楚的零件组,可以采用公共指引线,如图 6 - 33(c)所示。

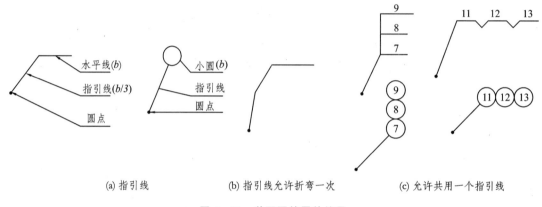

(a) 指引线   (b) 指引线允许折弯一次   (c) 允许共用一个指引线

图 6 - 33　装配图的零件编号

⑤ 序号应按水平或垂直方向的顺序排列。序号的字体须大于图上尺寸数字的字体。

⑥ 装配图上的标准化部件(如油杯、滚动轴承和电动机等),在图上是被当作一个元件,只
编上一个序号。

2. 标题栏和明细表

标题栏、明细表的格式和内容,见第 1 章图 1 - 3。明细表是说明图中各零件的名称、数
量、材料及重量等内容的清单。

① 明细表内零件序号是从下向上按顺序填写的。如向上位置不够时,明细表的一部分可
以放在标题栏的左边。

明细表中所填序号应与图中所编零件的序号一致。

② 填写标准件时,应在"名称"栏内写出规定代号及公称尺寸,并在"附注"栏内写出标准
号码。

③ "附注"栏内可填写常见件的重要参数。如齿轮应注出模数、压力角及齿数;弹簧应注
出内外直径、弹簧丝直径、工作圈数和自由高度;滚动轴承注出代号等。

6.5　设计过程与装配图的读图

在着手设计任何一个新产品时,首先必须了解目前已有的同类型产品,对它们的性能、结
构、使用情况以及优缺点等进行详细的比较和分析,然后根据设计要求,在分析已有的产品的
基础上,提出新产品的结构、形状、尺寸及技术性能等。对现有产品的了解当然可以参照实物,

查阅大量有关资料,但是最起码的是查阅这些产品的全套图纸,首先是装配图,也就是说要读装配图。

前面已经谈到,装配图是设计零件或部件的依据。也就是说,在实际设计工作中,一般先设计装配图,然后再根据装配图进一步设计零、部件。因此,在设计零件或简单部件之前,必须先读懂装配图,然后才能设计零件。

此外,在学校的整个学习过程中,特别是高年级的后修课程里,可能要介绍某些机构、机械的原理、作用及性能等,它们常以装配图出现。在这种情况下,看懂装配图是一个很重要的环节。

从上述几方面的分析表明,无论是学习过程或实践工作中,读装配图都是非常重要的。

6.5.1　读装配图的要求

对不同的工作情况及不同的阶段,读装配图可能有不同的要求。例如,在设计一个新产品时,首先是方案设计,主要是确定比较大的方案设计问题。因此,在这阶段读装配图不要求太细,而是作比较粗略的参考,主要是看该部件采用了那些原理,如偏心、斜面、离心力及凸轮等,以便确定设计方案。但到最后的结构设计时,就要设计各个部件的详细结构。为了参考别人的经验,这时应仔细读装配图。例如在设计一个工作台的上下运动时,粗读了几张装配图后,可以宏观地了解到几种不同方案可供选择。以图 6-34 所示为例,在分析设计要求后,从中选出一种方案。显然,这几种方案适合于不同的情况,图(a)是利用斜面和螺旋,可以精细调节,但上升距离很小;图(b)和图(c)是利用凸轮和连杆,它们都可以实现快速上下运动的要求,但行程还是比较小,不过凸轮可以满足上下运动规律的要求;图(d)是齿轮齿条,图(e)是螺旋传动,它们都可以传递较大的力,但由于结构稳定性原因,行程也不能太大,而螺旋传动上升速度较慢;图(f)采用钢丝绳吊起的方法,起重量大,升程可以很大,但缺点是结构庞大,且寿命短。

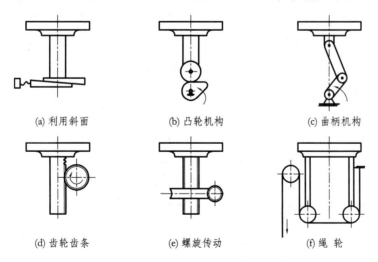

(a) 利用斜面　　(b) 凸轮机构　　(c) 曲柄机构

(d) 齿轮齿条　　(e) 螺旋传动　　(f) 绳　轮

图 6-34　不同方案的设计

从上述情况看,在方案设计阶段,读装配图要求可以粗略一些,从原理到结构有时会有很大不同。例如图 6-35(a)所示旋板泵,从原理上是可行的,但在结构上是不可行的,因为旋板在每一个位置时其长度都不同,在垂直位置时最长,在水平位置时最短。所以,在结构设计时要想办法使这种方案能够实现。一种最简单的可行方案是将旋板分成两块，中间加一弹簧，靠离心力使旋板与泵体内壁贴紧。

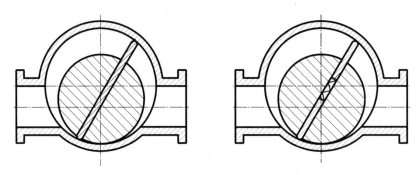

图 6 - 35　旋板泵原理图

图 6 - 36 是一个已确定了方案的轴系。轴上要求设计有两个皮带轮及两端两个轴承。在结构设计时有三个结构可供参考，此时设计者就应该仔细读图，看懂其装配关系，了解其装配基准面和零件形状，并考虑其工艺性和装配可能性等关系，分析这三种结构的优缺点，从中选出一种或吸收每种方案的优点，设计出一个理想的结构。

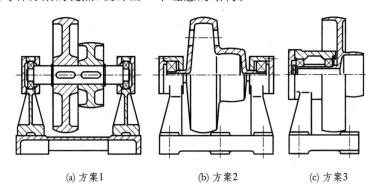

(a) 方案1　　　　　　　(b) 方案2　　　　　　　(c) 方案3

图 6 - 36　传送带轮轴系的方案设计

图 6 - 36(a)中是一个普通的传动结构，即两个传送带轮紧靠在一起，用平键与轴连接，两端用两个卡簧作轴向定位。两端的轴承分别装在轴承架内。显然，这种结构零件比较多，结构不太紧凑。图(c)是一种结构比较紧凑的方案，两个传送带轮作成整体结构，只用了一个轴承架，从而使零件数目减少，装配工作比较简单，结构紧凑。

图 6 - 37 中，图(a)是一个传统的结构；图(b)是螺纹结构，与图(a)比较它的质量较轻；图(c)是一个纯焊接结构，其中每一个零件几乎都可以从下脚料中找到，因此它是成本最低的结构。

因此，读装配图可能要求不同，有时要求粗读有时要求细读。但不管是粗读还是细读都应该根据需要了解装配体的设计要求，即

① 了解装配体的工作原理和工作过程。例如，对液压油路或气压回路，首先必须弄清在不同情况下油路的走向及进出口等；对运动机构应了解机构运动情况、传动关系和极限位置等。

② 了解装配体的装配关系和连接方法等。所谓装配关系是指零件的配合、连接、定位（轴

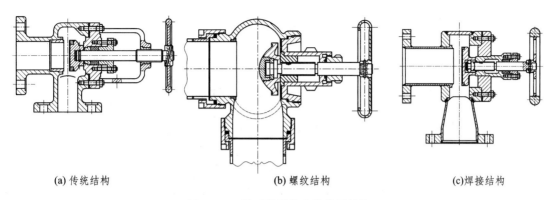

(a) 传统结构　　　　　　　(b) 螺纹结构　　　　　　　(c)焊接结构

图 6 - 37　轴系装配的几种常见结构

向和切向)对中、锁紧及密封等情况。

③ 准确地想像出零件的形状。

④ 在读完装配图后应对该装配体有一个完整的概念,应能初步评价其结构的合理性、可靠性及装配的可能性。

6.5.2　装配图读图的一般方法与步骤

由于装配图也是按正投影规律绘制的,因此装配图的读图方法依然是投影对应,从投影对应来分析零件间的传动、装配、连接定位以及它们的形状等。但是纯粹按投影对应的方法来读图不是最快的方法,通常应从机械构造的常识及零件的合理结构两方面主动地读图,才能收到更好的效果。因此,读者应该有意识地注意并熟悉一些常见机构的形状、传动特点及其表示方法,看到这样的图就知道是齿轮;又如对各种键、螺纹连接件及铆接等,以及它们在图上的表示方法,看到这样的图,就知道它们是什么,怎样连接的等。有了这样一些基本概念,读起装配图来就要快得多,因为装配图可以看成是大量装配基素的组合。

下面是装配图读图的具体方法和步骤:

① 查阅有关装配体原理的资料或说明书,弄清装配体的工作原理。

② 从标题栏上弄清装配体的名称和图号。从图号里可以看出该装配体是属于哪一级的,即是组件或部件,从明细表里可以看出组件或部件包括哪些部件或零件。

③ 弄清楚装配图有哪些视图,哪个是主视图,哪些视图作了剖视,如何剖切的,有哪些断面图等,以及各视图与剖视图和断面图的联系和投影对应关系,即注意它们的剖切符号、剖切位置及投影方向。

④ 根据动力输入或油路进口,按机械传动路线或油路传输路线逐个零件阅读,特别注意零件如何传递运动,如何连接、定位以及零件的作用和合理的结构,最后准确地确定并想像出每个零件的形状。在确定零件的形状时,应特别注意严格的投影对应与联系,从投影对应与联系中,惟一确定零件的形状。

⑤ 对照明细表检查看还有哪些零件没有读到,继续标出这些零件逐个阅读,弄清它们的作用及形状。

完成了上述步骤以后,装配图已基本读完。在此基础上应该从整体的观点出发,考虑一下整个装配体的问题。

⑥ 考虑一下装配体的结构是否合理、运动的可能性、装配的顺序及可能性等。

下面以图 6-38 为例说明读装配图的一般方法和步骤：

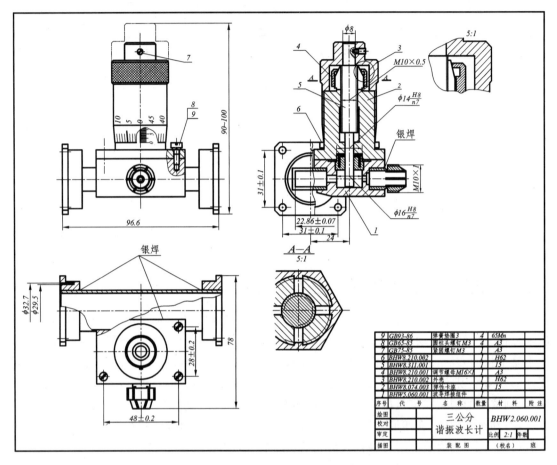

图 6-38　3 cm 谐振波长计的装配图

① 从说明书中可知道它的工作原理。

② 从标题栏看出它是 3 cm 谐振波长计,图号是 BHW2.060.001。从这图号里看出,这张装配图是整件图。从明细表里可以看出,它是由一个部件即波导焊接部件和几个零件、连接件组成。

③ 从装配图上看出,它由三个基本视图,即主视图、俯视图和左视图组成。主视图是外形图,左视图采用局部剖视图;另外,还有 A—A 断面图和局部放大图,左视图上可以分别找出它们的剖切位置 A—A 和局部放大图的位置。

④ 从外壳 3 开始读,从主视图与左视图可以看出拧动外壳 3,通过螺钉 7 可使调谐棒 5 与外壳 3 一起转动。外壳 3 与调谐棒 5 均为回转体,形状极为简单。为了增加摩擦力,在外壳 3 的外表面作出网纹滚花(从主视图中可以看出)。另外,从主视图中还可以看出,外壳 3 上有 50 格刻度,从左视图可以看到调谐棒上刻有 M10×0.5 的细牙螺纹。因此,从主视图上可以看到,当外壳 3 转动一周时,它和调谐棒均上升一格(即 0.5 mm);从左视图上还可以看到,调谐棒用螺纹与弹性卡座连接;为了消除螺纹间隙避免刻度的回程误差,从 A—A 断面及放大图上可以看到,弹性卡座的上端作成锥面并对开成四个槽(增加弹性),然后用六角螺母 4 拧紧

到一定程度,使螺纹之间没有间隙,又能保持调谐棒能灵活转动为止。从三个基本视图可以看出,弹性卡座底部作成矩形,并用四个螺钉与波导焊接部件连接。图上还给出装配尺寸,即四个螺孔的中心距尺寸 28 和 48。另外,从左视图上可以清楚看出波导焊接部件中空及焊接情况等。主视图上用双点划线表示外壳 3 的极限位置,并注明尺寸 90～100。至此每个零、部件均已读完,并惟一确定其形状。

6.6　根据装配图拆画零件图

只有了解装配图在机械设计过程中的作用,正确读懂装配图,才能完成拆画零件图的工作。

1. 拆画零件图实例分析

研制新产品的过程,通常要经过下列四个阶段:计划决策→设计→试制→投产。而设计与试制阶段,则为设计人员的主要任务,一般要经过:初步设计→技术设计→工作图设计→样机试制→小批试制等阶段。

读装配图必须达到下列各项要求,才能顺利地绘制零件图:

● 了解该产品或部件的用途、性能和作用原理;

● 看清楚该装配体中各组成部分的装配关系,包括传动顺序、连接方式和配合性质等;

● 了解各组成部分(部件或零件)的作用及主要结构形状;

● 弄懂装配体的拆装顺序、使用方法及其技术要求和尺寸性质。

以上各点,也是衡量是否已经读懂装配图的标志。

装配图与零件图一样,也是按正投影原理以多面视图表达的。所以,读装配图时可以参照读零件图的方法。但由于装配图具有与零件图不同的要求和特点,在读装配图时,一般按下列三个步骤进行,即一般了解、深入读图和检查归纳。

第一步:一般了解

(1) 粗读装配图

1) 读标题栏、明细栏

了解此装配体的名称、比例、零件数量及复杂程度。以真空泵图 6 - 39 为例,可知其比例为 2∶1,因而可知道其大小;零件、成品及材料等共 21 种,其中轴承是成品,铅丝为材料;泵体、泵盖及转子都比较复杂。

2) 分析各个视图的对应关系

● 分析各基本视图,找出主视图。

真空泵有 4 个基本视图:主视图、左视图、右视图和俯视图。其中主视图和右视图为全剖视图,俯视图为局部剖视。分析基本视图应知道各视图的名称,分析剖视图则应找出有关视图上剖切平面的位置,例如俯视图上较大的局部剖视是通过转子轴线剖切的。

● 分析各辅助视图。

表达装配关系的辅助视图有:零件 6,12,18 的 $E—E$ 剖视图着重表达弹簧座上 4 个弹簧孔分布及销连接情况;零件 9,10,12,13,14 的 $C—C$ 剖视图着重表达弹簧片 14 及两个小弹簧 9、固定销 10 的装配关系。

表达单个零件主要的结构的剖视图有:零件 4 的 $D—D$ 剖视图表达 4 个小斜孔的倾角和

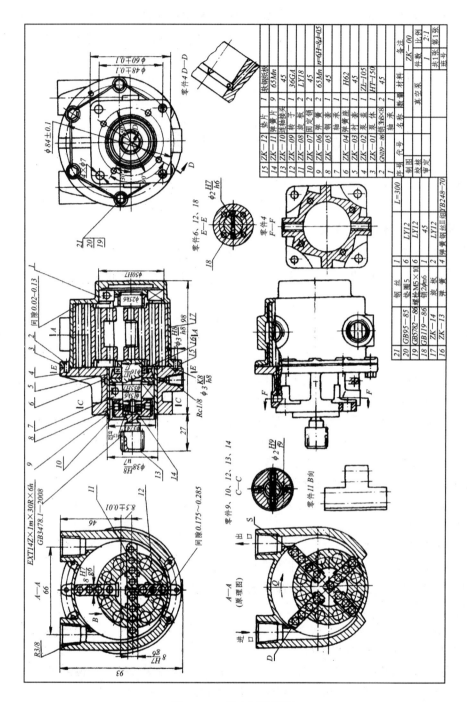

图 6-39　真空泵装配图

孔深;零件 4 的 *F—F* 剖视图表达泵盖主要结构;还有零件 11 的 *B* 向外形视图。

　　分析各辅助视图时,同理应先找出各剖视图对应视图上的剖切平面位置。

　　在图纸左下方,还有一个在设计时考虑进出口和内腔与旋板位置关系的 *A—A* 剖视图。这个视图与右视图相似,只是 4 块旋板以 45°位置画出。

（2）了解工作原理

读装配图的方法与读零件图的方法相比,有一个很大的区别就是,读装配图时,必须结合装配图的工作原理及各零件的作用,而不能单纯依靠投影的对应关系。

真空泵的工作原理如下:动力通过挠性联轴节 13 传入,通过 9 片弹簧片 14,带动转子 12 高速旋转。4 片旋板 11 和 17 在随着转子 12 转动的同时,靠离心力沿转子滑槽作径向滑动,使旋板始终压紧泵体 3 的内腔表面。当旋板 11 或 17 转过 P 点时,在此旋板后方封闭的空间逐渐扩大,形成真空区域。旋板继续旋转经过 Q 点时,由于压力差,吸入空气;随着旋板的旋转,空间容积继续扩大,空气不断吸入。而当此旋板过 S 点时,由于该旋板前方空间容积开始逐渐缩小,腔内空气被压出排气口。这样,转子转一周,则 4 片旋板将完成 4 次吸气和 4 次排气过程。

为了保证真空泵正常工作,减小运动部分相互摩擦,并为了更好地散热,此泵有润滑散热油路:第一条油路,由图 6-39 左视图分布在 $\phi 50$ 圆周上的 4 个小孔,进入泵盖 4 中部环形槽中,又从衬套 5 上斜孔进入弹簧座 6 左端面处进行润滑,同时还可润滑轴承 7。多余的油由环形槽下方螺孔所接管子返回油箱。第二条油路,少量润滑油由图 6-39 俯视图上 F—F 剖切符号处的螺孔进入,经由小孔润滑旋板左端面。润滑油还可经旋板上的孔,润滑右端面及轴承 1。

第二步:深入读图

进一步读装配图时,除了采用读零件图的方法以外,还应根据工作原理,来了解每一零件的功用及构形;同时考虑加工方法,以便更好地理解一些工艺结构。

对不同特点的装配体,读图方法和步骤略有不同。对泵类零件(包括真空泵)来说,可按照传动顺序,逐个读懂其各个零件。

（1）读传动零件（转子）

转子 12 支承在两个轴承 1 和 7 上,转子转动时,滚动轴承内圈也跟着旋转。转子中部有 4 个槽(见图 6-39 中 A—A 剖视图),由成型铣刀加工而成。槽内装有 4 片旋板,相对两旋板形状相同,其平面形状见主视图及零件 11 的 B 向。旋板内有 4 个小孔,转子内有一个大孔,4 周有 8 个小孔,都是为了减轻质量。4 块旋板有两种形状,是为了转子在旋转时径向滑动中防止互相抵触。

转子 12 左端插入一圆柱销 18(见图 6-39 中 E—E 剖视图),其两端处于弹簧座 6 槽中。转子转动时,弹簧 16 和弹簧座也随之而旋转。弹簧 16 装入弹簧座 6 的 4 个孔中,可以把弹簧座左端面与衬套 5 右端面压紧,形成密封平面。

应注意:弹簧 16 及其装入孔位于离旋板槽成 45°处,主视图上并未剖切。图上是按习惯画法,假想旋转到剖切平面上来表示的。

从衬套上的小斜孔注入的润滑油,在衬套与弹簧座之间的密封面上形成油膜,减小摩擦,并有利于密封。

（2）读泵体与泵盖

泵体 3 与泵盖 4 用以包容内部零件,所以其内腔与内部各零件形状有关,其外形则根据铸件壁厚均匀的原则,又与内腔相似。

① 泵　体

按照图 6-39 主、俯、右视图可知,其基本形体为两偏心圆柱,偏心距为(8.5±0.01) mm。进、出口处以锥管螺纹 Rc3/8 与管道相连接,所以,进口与出口的外形在两者之间为圆柱体;

从左视图截交线(双曲线)分析,在两者之外,则为圆锥面,与三个平面相截交。因为三个平面均平行圆锥面(或螺孔)轴线,截交线均为双曲线。泵体 3 的左端有凸缘,用 6 个螺栓 19 与泵盖 4 相连接,并有 2 个圆柱销 2 定位。泵体凸缘上有孔处,作出了凸台,以增加这些地方的凸缘厚度(见图 6-39 中右、俯视图)。6 个螺栓 19 头部有孔,用一条铅丝 21 穿过孔扎结焊封(见图 6-39 中左视图),以防止螺栓在振动下松动。

② 泵　盖

泵盖和衬套 5 间的配合尺寸为 $\phi 38H8/u7$,过盈配合。从泵盖左端面上(见图 6-39 中左视图)钻入 4 个分布在 $\phi 50$ 圆周上的斜孔(见图 6-39 中 D—D 剖视),与 $\phi 38$ 同轴之油槽相通。泵盖中部外形为四棱柱体(见图 6-39 中 F—F 剖视图)。泵盖右端具有与泵体一样的凸缘,与泵体相连接。左端有一正方形凸缘(见图 6-39 中左视图),其上有 4 个安装孔 $\phi 7$。在正方形凸缘右侧 4 孔端面,用铣刀加工。铣刀加工时,与上述正方形凸缘及四棱柱产生了交线,可由 F—F 剖视图及俯视图上进行分析。在泵盖左右两凸缘之间,上下、前后有 4 块筋板。前后筋板内有小油孔(见图 6-39 中俯、右视图)。从泵盖主视图下方分析,泄油螺孔 Rc1/8 之外是一圆柱体,与四棱柱及右凸缘相贯。

这一阶段在分析各视图以后,还应再分析图上尺寸等其他内容。

第三步:检查归纳

通过上述步骤,一般已能将装配图读懂,但为了防止遗漏疏忽,还应进行检查。检查时,可利用明细栏,逐个检查每个零件,看是否都已读到、读懂;还可以分析拆装顺序。这也是为了检查设计的拆装可能性。最后,应对整个装配体形成完整的形象。

在读图步骤中,必须随时注意贯彻下列正确的读图方法:

① 读图时,要结合工作原理、构形原则与投影对应方法,即对一个零件要了解它在装配体中的作用,由作用可以估计它的构形,再看投影就容易了。当然,看清楚了投影,可以修正原先设想的构形,对其构造与作用,可有更深的了解。

② 对阀、泵和减速器等具有包容与被包容关系的装配体,在读图时,按各装配组合先看内部较小、较简单的零件,然后按由内定外原则,读外面较大、较复杂的壳体,先易后难。由于存在内外联系,"难"也可转化为"易"。

③ 要善于区分不同的相邻零件。凡剖面线相同者,可能为同一零件;如不同,则必非同一零件。此外,还可注意规定画法,如实心件不剖等,也有利于从剖视图中区分零件。

④ 尺寸与结构具有密切的联系。结构决定尺寸,可利用图上尺寸得到启示,也有利于了解结构。如带 ϕ 的尺寸,必为圆形;□10 或 10×10 必为正方形;Rc3/8 必为圆锥形。

此外,从尺寸的配合代号,可以知道各零件的运动状态和配合性质。

⑤ 要联系加工方法分析其结构。对一些复杂的交线,要了解其成因,并通过形体分析与线面分析,以求彻底地了解。

⑥ 对复杂的壳体,必须将几个有关投影结合起来看,切忌只看一个投影。必要时,可借助仪器、工具找对应投影关系。

2. 零件结构与视图方案的确定

在画零件图时,不假思索地抄袭装配图上的零件视图方案,可能造成的严重后果就是非确定性,即可能表达不全,没有达到惟一确定的地步,以致可能使读图者无法理解,或造成不同的理解。这是因为装配图允许省略一些零件的次要结构,不予表达;而零件图则是绝对不允许省略的。因此,就要在拆画装配图进行零件设计的基础上,进一步完成零件设计,使零件形状惟一确定。现举例说明。

例 6-1　真空泵泵体(见图 6-40)。

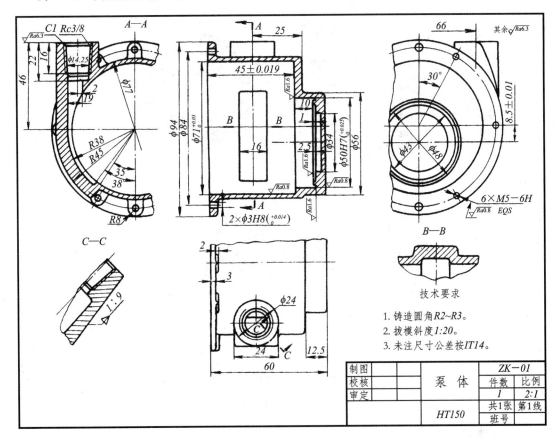

图 6-40　泵体零件图

泵体属于铸造零件,加工位置很多,所以常按工作位置画主视图(与装配图相同)。其基本视图方案与该零件在装配图中的视图方案基本相同。这对画图与读图都较方便。

如图 6-40 所示,$B-B$ 剖视图与装配图(见图 6-39)俯视图上在该处的局部剖视图的剖切位置不同,前者通过孔 $\phi71_0^{+0.03}$ 的轴线;后者则剖切平面在其下 8.5 mm 处,通过转子 12 轴线。为了充分表明进、出口处的圆锥面,零件图上增加了斜剖视图 $C-C$(锥度为 1:9)。

在拆图时,应注意投影的变化,如主、左视图,由于拆去转子等零件,装配图中被挡住的轮廓变成了可见轮廓线,不要漏画。同样属于拆走零件的投影,泵体零件图上不应画出。

例 6-2　转子(见图 6-41)。

在真空泵装配图(见图 6-39)中,较难想像转子 12 的完整形象。这是因为中间部分被旋板 12 和 17 挡住隔开的缘故,要根据工作原理及主、右视图,才能想像其整个形象。

转子零件图上主视图与其在装配图上的位置相同,但改为由两个相交平面 $D-D$ 作出的局部剖视图,以便表达槽(8H7)及通孔($\phi8$),并把原装配图中此零件的右视图改为左视图。这样更符合一般的看图习惯。

$C-C$ 剖视图主要表达直径为 $\phi32$ 的圆柱部分,并便于标注尺寸。

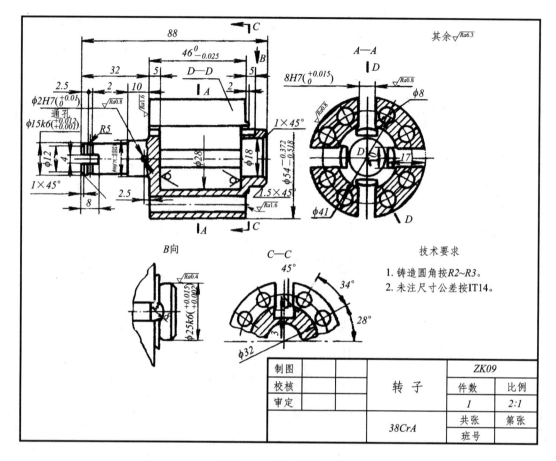

图 6-41　转子零件图

3. 根据装配图拆画零件图

从装配图上画零件图时,最主要的是要将零件的构形表达清楚,但装配图上主要是表示装配关系,对零件的形状不一定能完全表达清楚,所以在画零件图时,从构形分析结果看,有时还要补充一些剖视图、局部视图或表示真形的断面图等。此外,在标注尺寸时,装配图上已标注的尺寸均为设计尺寸,是零件之间必须配合和协调的尺寸,因此在零件图上必须照抄,而且还要根据配合代号查出该尺寸的上、下偏差,标注在该尺寸上。

例如,图 6-42 是航空上的风窗除冰器的装配图(部分)。其侧视图作了拆卸剖视,表达了壳盖部件的装配关系。从图上可以看出,它由四个零件组成,即壳体、限制块、滑块和滑杆。滑块被一偏心轴带动,绕中心旋转;由于滑块装在限制块内左右移动,通过装在限制块两边的滑杆拉动钢索往复运动;最后钢索拉动齿条,使齿轮往复转动。

由拆卸剖视图上,可以清楚看出上述四个零件的装配关系。因此,为了校对协调尺寸的方便,也由于壳盖与限制块均为平面特征明显的零件,在拆画零件图时,壳盖与限制块均以平面图形为主视图;在画壳盖的视图时,应该注意限制块移去后会出现一些可见的轮廓线,壳盖与限制块均用两个视图可以表达清楚,滑杆因为是简单轴类零件,只须标注直径 ϕ,所以只要一个视图即可。在装配图上,滑块只有两个视图,但是,从几何确定上看,由于沿四周都有倒角,且两端均有倒角,还必须加上俯视图,所以最简单的零件滑块却用了三个视图。不过,多数情

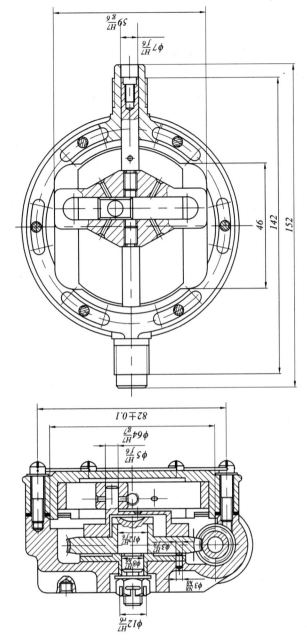

图 6-42　风窗除冰器的装配图(部分)

况下可以采用文字附加说明来解决,如在标注倒角时附加说明,例如 $2\times45°$(沿四周),则俯视图就可以不画了。

在标注壳盖的尺寸时,有几个尺寸是必须与其他零件协调的:① 与壳体协调的尺寸,即凸缘的直径及公差 $\phi64_{-0.034}^{-0.009}$,连接螺钉所在的位置尺寸 $\phi82$;② 与限制块协调的尺寸,即与限制块高度协调的尺寸 $59_{0}^{+0.030}$;③ 与滑杆轴配合的孔径尺寸 $\phi7_{0}^{+0.015}$。

在标注限制块尺寸时,有三个尺寸必须协调:① 与壳盖协调的尺寸 $\phi59_{-0.040}^{-0.030}$;② 与滑杆协调的尺寸 $2\times M5$;③ 与滑块协调的尺寸 $8^{+0.1}$。

在标注滑杆尺寸时,有两个尺寸必须协调:① 与壳体协调的尺寸,滑杆的直径 $\phi 7^{-0.013}_{-0.022}$；② 与限制块协调的尺寸,螺纹直径 M5。

在标注滑块尺寸时,有两个尺寸必须协调:① 与限制块协调的尺寸,滑块的宽度 $8_{-0.1}$；② 与偏心轴轴径配合的孔径 $\phi 5^{+0.012}$。

上述每个零件除了要与其他零件协调的尺寸须按设计基准标注之外,其余尺寸应按加工要求标注,或按工艺基准标注。标注粗糙度时,除了与上述需要协调的尺寸有关的表面需要较小的粗糙度之外,其余大多数表面可采用较大的表面粗糙度,而且统一标注在图纸的右上角,如图 6-43～6-46 所示。其中,图 6-43 壳盖视图选择与装配图一致,这样对校对协调尺寸有利。

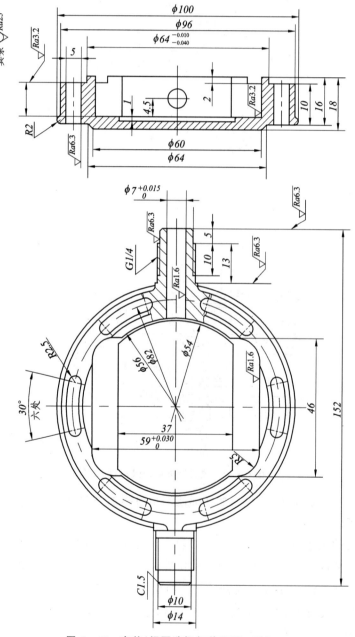

图 6-43 壳盖(视图选择与装配图一致)

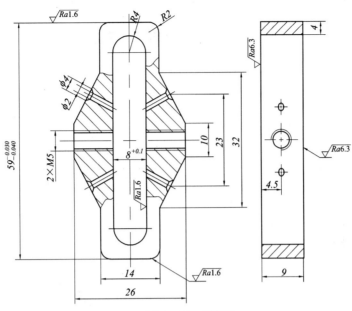

图 6-44　限制块

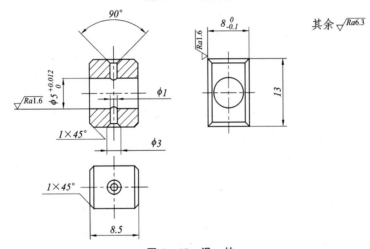

图 6-45　滑　块

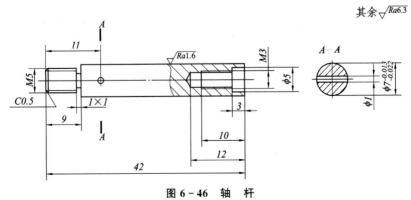

图 6-46　轴　杆

附录A 螺 纹

1. 普通螺纹

普通螺纹的直径与螺距如表 A-1 所列。

表 A-1 普通螺纹的直径与螺距(GB/T 193—2003)　　　　mm

公称直径 d,D			螺距 P		公称直径 d,D			螺距 P	
第一系列	第二系列	第三系列	粗 牙	细 牙	第一系列	第二系列	第三系列	粗 牙	细 牙
3			0.5	0.35		33		3.5	(3),2,1.5
	3.5		0.6				35		1.5
4			0.7	0.5	36			4	3,2,1.5
	4.5		0.75				38		1.5
5			0.8			39		4	3,2,1.5
		5.5					40		3,2,1.5
6	7		1	0.75	42	45		4.5	4,3,2,1.5
8			1.25	1,0.75	48			5	
		9	1.25				50		3,2,1.5
10			1.5	1.25,1,0.75		52		5	4,3,2,1.5
		11	1.5	1,0.75,1.5			55		4,3,2,1.5
12			1.75	1.25,1	56			5.5	4,3,2,1.5
	14		2	1.5,1.25,1			58		4,3,2,1.5
		15		1.5,1		60		5.5	4,3,2,1.5
16			2	1.5,1			62		4,3,2,1.5
		17		1.5,1	64			6	4,3,2,1.5
20	18		2.5	2,1.5,1			65		4,3,2,1.5
	22			2,1.5,1		68		6	4,3,2,1.5
24			3	2,1.5,1			70		6,4,3,2,1.5
	25			2,1.5,1	72				6,4,3,2,1.5
		26		1.5			75		4,3,2,1.5
	27		3	2,1.5,1		76			6,4,3,2,1.5
	28			2,1.5,1			78		2
30			3.5	(3),2,1.5,1	80				6,4,3,2,1.5
	32			2,1.5			82		2

公称直径 d,D			螺距 P		公称直径 d,D			螺距 P	
第一系列	第二系列	第三系列	粗牙	细牙	第一系列	第二系列	第三系列	粗牙	细牙
90	85			6,4,3,2			195		6,4,3
100	95						205		
110	105				200				8,6,4,3
	115					220	210		
	120						215		6,4,3
125	130			8,6,4,3,2			225		
		135		6,4,3,2			235		
		145					245		
140	150			8,6,4,3,2	250	240	230		8,6,4,3
	155			6,4,3			255		6,4
		165					265		
160	170			8,6,4,3			275		
		175		6,4,3	280	260	270		8,6,4
	185						285		6,4
180				8,6,4,3			295		
	190				300		290		8,6,4

注：1. 优先选用第一系列，其次是第二系列，第三系列尽可能不用。

2. M14×1.25 仅用于火花塞；M35×1.5 仅用于滚动轴承锁紧螺母。

3. 括号内的螺距应尽可能不用。

2. 非螺纹密封的管螺纹

非螺纹密封的管螺纹的直径与螺距如表 A - 2 所列。

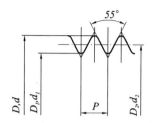

表 A - 2　非螺纹密封的管螺纹的直径与螺距（GB/T 7307—2001）　　　　mm

尺寸代号	每 25.4 mm 内的牙数/n	螺距/P	基本直径	
			大径 D、d	小径 D_1、d_1
1/16	28	0.907	7.723	6.561
1/8	28	0.907	9.728	8.566
1/4	19	1.337	13.157	11.445
3/8	19	1.337	16.662	14.950
1/2	14	1.814	20.955	18.631
5/8	14	1.814	22.911	20.587
3/4	14	1.814	26.441	24.117
7/8	14	1.814	30.201	27.877
1	11	2.309	33.249	30.291
$1\frac{1}{8}$	11	2.309	37.897	34.939
$1\frac{1}{4}$	11	2.309	41.910	38.952
$1\frac{1}{2}$	11	2.309	47.803	44.845
$1\frac{3}{4}$	11	2.309	53.746	50.788
2	11	2.309	59.614	56.656
$2\frac{1}{4}$	11	2.309	65.710	62.752
$2\frac{1}{2}$	11	2.309	75.184	72.226
$2\frac{3}{4}$	11	2.309	81.534	78.576
3	11	2.309	87.884	84.926

3. 普通螺纹的螺纹收尾、肩距、退刀槽和倒角

普通螺纹的螺纹收尾、肩距、退刀槽和倒角如表 A－3 所列。

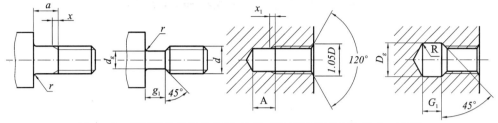

表 A－3 普通螺纹的螺纹收尾、肩距、退刀槽和倒角（GB/T 3—1997）　　mm

螺距 P	粗牙螺纹直径 d	细牙螺纹直径	螺纹收尾≤ 一般 x	一般 x1	短的 x	短的 x1	肩距 一般 a	一般 A	长的 a	长的 A	短的 a	退刀槽 ≥ g1	一般 G1	短的 G1	dg	Dg	r ≈	R ≈
0.5	3	根据螺距查表	1.25	2	0.7	1	1.5	3	2	4	1	0.8	2	1	$d-0.8$		0.2	0.2
0.6	3.5		1.5	2.4	0.75	1.2	1.8	3.2	2.4	4.8	1.2	0.9	2.4	1.2	$d-1$			0.3
0.7	4		1.75	2.8	0.9	1.4	2.1	3.5	2.8	5.6	1.4	1.1	2.8	1.4	$d-1.1$	$d+0.3$		
0.75	4.5		1.9	3		1.5	2.25	3.8	3	6	1.5	1.2	3	1.5	$d-1.2$		0.4	0.4
0.8	5		2	3.2	1	1.6	2.4		3.2	6.4	1.6	1.3	3.2	1.6	$d-1.3$			
1	6;7		2.5	4	1.25	2	3	5	4	8	2	1.6	4	2	$d-1.6$			0.5
1.25	8		3.2	5	1.6	2.5	4		5	10	2.5	2	5	2.5	$d-2$		0.6	0.6
1.5	10		3.8	6	1.9	3	4.5	7	6	12	3	2.5	6	3	$d-2.3$		0.8	0.8
1.75	12		4.3	7	2.2	3.5	5.3	9	7	14	3.5	3	7	3.5	$d-2.6$		1	0.9
2	14;16		5	8	2.5	4	6	10	8	16	4	3.4	8	4	$d-3$			1
2.5	18;20;22		6.3	10	3.2	5	7.5	12	10	18	5	4.4	10	5	$d-3.6$		1.2	1.2
3	24;27		7.5	12	3.8	6	9	14	12	22	6	5.2	12	6	$d-4.4$	$d+0.5$	1.6	1.5
3.5	30;33		9	14	4.5	7	10.5	16	14	24	7	6.2	14	7	$d-5$			1.8
4	36;39		10	16	5	8	12	18	16	26	8	7	16	8	$d-5.7$		2	2
4.5	42;45		11	18	5.5	9	13.5	21	18	29	9	8	18	9	$d-6.4$		2.5	2.2
5	48;52		12.5	20	6.3	10	15	23	20	32	10	9	20	10	$d-7$			2.5
5.5	56;60		14	22	7	11	16.5	25	22	35	11	11	22	11	$d-7.7$		3.2	2.8
6	64;68		15	24	7.5	12	18	28	24	38	12	11	24	12	$d-8.3$			3

注：1. 本表未摘录 $P<0.5$ 的各有关尺寸。

　　2. 国家标准局发布了国家标准《紧固件 外螺纹零件末端》(GB/T 2—2016)，可查阅其中的有关规定。

附录 B　螺纹紧固件

1. 六角头螺栓

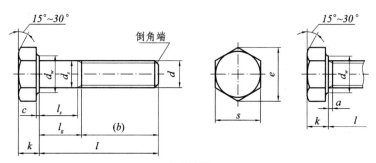

标记示例

螺纹规格 d＝M12、公称长度 l＝80 mm、性能等级为 8.8 级、表面氧化、A 级的六角头螺栓：

螺栓 GB 5782　M12×80

表 B‑1　六角头螺栓[GB/T 5782—2016]　　　　　　　　　　　　　　　　mm

螺纹规格 d		M5	M6	M8	M10	M12	M16	M20	M24	M30	M36
b 参考	l≤125	16	18	22	26	30	38	46	54	66	—
	125＜l≤200	22	24	28	32	36	44	52	60	72	84
	l＞200	35	37	41	45	49	57	65	73	85	97
c	max	0.5	0.5	0.6	0.6	0.6	0.8	0.8	0.8	0.8	0.8
d_s	公称＝max	5	6	8	10	12	16	20	24	30	36
	min	4.7	5.7	7.64	9.64	11.57	15.57	19.48	23.48	29.48	35.38
d_w	min	6.74	8.74	11.47	14.47	16.47	22	27.7	33.25	42.75	51.11
e	min	8.63	10.89	14.20	17.59	19.85	26.17	32.95	39.55	50.85	60.79
k	公称	3.5	4	5.3	6.4	7.5	10	12.5	15	18.7	22.5
	max	3.74	4.24	5.54	6.69	7.79	10.29	12.85	15.35	19.12	22.92
	min	3.26	3.76	5.06	6.11	7.21	9.71	12.15	14.65	18.28	22.08
r	min	0.2	0.25	0.4	0.4	0.6	0.6	0.8	0.8	1	1

续表 B - 1

螺纹规格 d		M5	M6	M8	M10	M12	M16	M20	M24	M30	M36
s	max	8	10	13	16	18	24	30	36	46	55
	min	7.64	9.64	12.57	15.57	17.57	23.16	29.16	35	45	53.8
l（商品规格范围及通用规格）		25~50	30~60	40~80	45~100	50~120	65~160	80~200	90~240	110~300	140~360
l 系列		25,30,35,40,45,50,55,60,65,70,80,90,100,110,120,130,140,150,160,180,200,220,240,260,280,300,320,340,360									

注：1. 末端按 GB/T 2—2016 规定。

　　2. $l_{g,max} = l$（公称）$- b$（参考）。

　　3. $l_{s,min} = l_{g,max} - 5P$。

　　4. P—螺距。

2. 双头螺柱

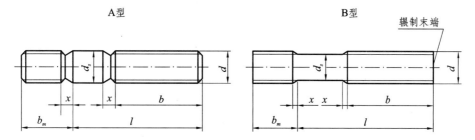

A 型　　　　　　　　　　　　B 型

辗制末端

末端按 GB/T 2—2016 规定；$d_s \approx$ 螺纹中径（仅适用于 B 型）；$x = 1.5P$

标记示例

两端均为粗牙普通螺纹，$d = 10$ mm，$l = 50$ mm，性能等级为 4.8 级、不经表面处理、B 型、$b_m = 1.25d$ 的双头螺柱：

螺柱 GB/T 898　M10×50

旋入机体一端为粗牙普通螺纹、旋螺母一端为螺距 $P = 1$ mm 的细牙普通螺纹，$d = 10$ mm，$l = 50$ mm，性能等级为 4.8 级、不经表面处理、A 型、$b_m = 1.25d$ 的双头螺柱：

螺柱 GB/T 898　AM10—M10×1×50

表 B - 2　双头螺柱[GB/T 897—1988～GB/T 900—1988]　　　　　　mm

螺纹规格	b_m				l/b
	GB/T 897—1988 $b_m = 1d$	GB/T 898—1988 $b_m = 1.25d$	GB/T 899—1988 $b_m = 1.5d$	GB/T 900—1988 $b_m = 2d$	
M5	5	6	8	10	16~22/10,23~50/16
M6	6	8	10	12	20~22/10,25~30/14,32~75/18
M8	8	10	12	16	20~22/12,25~30/16,32~90/22
M10	10	12	15	20	25~28/14,30~38/16,40~120/26,130/32
M12	12	15	18	24	25~30/16,32~40/20,45~120/30,130~180/36

螺纹规格	b_m				l/b
	GB/T 897 —1988 $b_m=1d$	GB/T 898 —1988 $b_m=1.25d$	GB/T 899 —1988 $b_m=1.5d$	GB/T 900 —1988 $b_m=2d$	
M14	14	18	21	28	30～35/18,38～45/25,50～120/34,130～180/40
M16	16	20	24	32	30～38/20,40～55/30,60～120/38,130～200/44
M18	18	22	27	36	35～40/22,45～60/35,65～120/42,130～200/48
M20	20	25	30	40	35～40/25,45～65/35,70～120/46,130～200/52
M22	22	28	33	44	40～45/30,50～70/40,75～120/50,130～200/56
M24	24	30	36	48	45～50/30,55～75/45,80～120/54,130～200/60
M27	27	35	40	54	50～60/35,65～85/50,90～120/60,130～200/66
M30	30	38	45	60	60～65/40,70～90/50,95～120/66,130～200/72,210～250/85
M33	33	41	49	66	65～70/45,75～95/60,100～120/72,130～200/78,210～300/91
M36	36	45	54	72	65～70/45,80～110/60,120/78,130～120/84,210～300/97
M39	39	49	58	78	70～80/50,85～110/65,120/84,130～200/90,210～300/103
M42	42	52	63	84	70～80/50,85～110/70,120/90,130～200/96,210～300/109
M48	48	60	72	96	75～90/60,95～110/80,120/102,130～200/108,210～300/121
l(系列)	16,(18),20,(22),25,(28),30,(32),35,(38),40,45,50,(55),60,(65),70,(75),80,(85),90, (95),100,110,120,130,140,150,160,170,180,190,200,210,220,230,240,250,260,280,300				

注：1. 尽可能不采用括号内的规格。

2. P—粗牙螺纹的螺距。

3. 内六角圆柱头螺钉

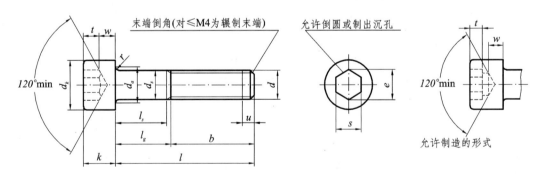

标记示例

螺纹规格 $d=$ M5、公称长度 $l=20$ mm、性能等级为 8.8 级、表面氧化的内六角圆柱头螺钉：

螺钉 GB/T 70.1　M5×20

表 B-3　内六角圆柱头螺钉［GB/T 70.1—2008］ mm

螺纹规格 d		M3	M4	M5	M6	M8	M10	M12	M16	M20	M24
P		0.5	0.7	0.8	1	1.25	1.5	1.75	2	2.5	3
b 参考		18	20	22	24	28	32	36	44	52	60
d_k	max	5.5	7	8.5	10	13	16	18	24	30	36
	min	5.32	6.78	8.28	9.78	12.73	15.73	17.73	23.67	29.67	35.61
d_a	max	3.6	4.7	5.7	6.8	9.2	11.2	13.7	17.7	22.4	26.4
d_s	max	3	4	5	6	8	10	12	16	20	24
	min	2.86	3.82	4.82	5.82	7.78	9.78	11.73	15.73	19.67	23.67
e	min	2.87	3.44	4.58	5.72	6.86	9.15	11.43	16.00	19.44	21.73
k	max	3	4	5	6	8	10	12	16	20	24
	min	2.86	3.82	4.82	5.70	7.64	9.64	11.57	15.57	19.48	23.48
r	min	0.1	0.2	0.2	0.25	0.4	0.4	0.6	0.6	0.8	0.8
s	公称	2.5	3	4	5	6	8	10	14	17	19
	min	2.52	3.02	4.02	5.02	6.02	8.025	10.025	14.032	17.05	19.065
	max	2.58	3.08	4.095	5.14	6.14	8.175	10.175	14.212	17.23	19.275
t	min	1.3	2	2.5	3	4	5	6	8	10	12
u	max	0.3	0.4	0.5	0.6	0.8	1	1.2	1.6	2	2.4
w	min	1.15	1.4	1.9	2.3	3.3	4	4.8	6.8	8.6	10.4
l(商品规格范围长度)		5~30	6~40	8~50	10~60	12~80	16~100	20~120	25~160	30~200	40~200
l≤表中数值时，制出全螺纹		20	25	25	30	35	40	50	60	70	80
l 系列		5,6,8,10,12,16,20,25,30,35,40,45,50,55,60,65,70,80,90,100,110,120,130,140,150,160,180,200									

注：1. P—螺距；u—不完整螺纹的长度，u≤2P。

2. $l_{g,max}$（夹紧长度）=l（公称）-b（参考），$l_{s,min}$（无螺纹杆部长）=$l_{g,max}$-5P。

3. 尽可能不采用括号内的规格。GB/T 70.1—2008 包括 d=M1.6~M36，本表只摘录其中一部分。

4. 螺 钉

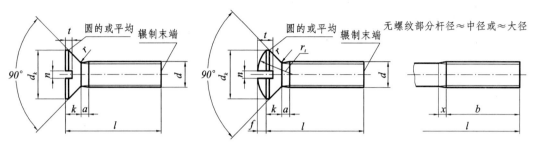

标记示例

螺纹规格 d＝M5、公称长度 l＝20 mm、性能等级为 4.8 级、不经表面处理的开槽沉头螺钉：

螺钉 GB/T 68 　M5×20

表 B-4　开槽沉头螺钉［GB/T 68—2016］、开槽半沉头螺钉［GB/T 69—2016］　mm

螺纹规格 d			M1.6	M2	M2.5	M3	M4	M5	M6	M8	M10
P			0.35	0.4	0.45	0.5	0.7	0.8	1	1.25	1.5
a	max		0.7	0.8	0.9	1	1.4	1.6	2	2.5	3
b	min		25					38			
d_k	理论值 max		3.6	4.4	5.5	6.3	9.4	10.4	12.6	17.3	20
	实际值	max	3	3.8	4.7	5.5	8.4	9.3	11.3	15.8	18.3
		min	2.7	3.5	4.4	5.2	8	8.9	10.9	15.4	17.8
k	max		1	1.2	1.5	1.65	2.7	2.7	3.3	4.65	5
n	公称		0.4	0.5	0.6	0.8	1.2	1.2	1.6	2	2.5
	min		0.46	0.56	0.66	0.86	1.26	1.26	1.66	2.06	2.56
	max		0.6	0.7	0.8	1	1.51	1.51	1.91	2.31	2.81
r	max		0.4	0.5	0.6	0.8	1	1.3	1.5	2	2.5
x	max		0.9	1	1.1	1.25	1.75	2	2.5	3.2	3.8
f	≈		0.4	0.5	0.6	0.7	1	1.2	1.4	2	2.3
r_t	≈		3	4	5	6	9.5	9.5	12	16.5	19.5
t	max	GB/T 68—2016	0.5	0.6	0.75	0.85	1.3	1.4	1.6	2.3	2.6
		GB/T 69—2016	0.8	1	1.2	1.45	1.9	2.4	2.8	3.7	4.4
	min	GB/T 68—2016	0.32	0.4	0.5	0.6	1	1.1	1.2	1.8	2
		GB/T 69—2016	0.64	0.8	1	1.2	1.6	2	2.4	3.2	3.8
l（商品规格范围长度）			2.5~16	3~20	4~25	5~30	6~40	8~50	8~60	10~80	12~80
l（系列）			2.5,3,4,5,6,8,10,12,(14),16,20,25,30,35,40,45,50,(55),60,(65),70,(75),80								

注：1. P—螺距。

　　2. 公称长度 $l \leqslant 30$ mm,而螺纹规格 d 在 M1.6~M3 的螺钉,应制出全螺纹;公称长度 $l \leqslant 45$ mm,而螺纹规格在 M4~M10 的螺钉也应制出全螺纹 $b = l - (k + a)$。

　　3. 尽可能不采用括号内的规格。

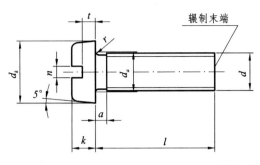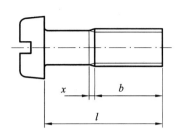

标记示例

螺纹规格 d＝M5、公称长度 l＝20 mm、性能等级为 4.8 级、不经表面处理的开槽圆柱头螺钉：

螺钉 GB/T 65　M5×20

表 B－5　开槽圆柱头螺钉[GB/T 65—2016] mm

螺纹规格 d		M4	M5	M6	M8	M10
P		0.7	0.8	1	1.25	1.5
a	max	1.4	1.6	2	2.5	3
b	min	38	38	38	38	38
d_k	max	7	8.5	10	13	16
	min	6.78	8.28	9.78	12.73	15.73
d_a	max	4.7	5.7	6.8	9.2	11.2
k	max	2.6	3.3	3.9	5	6
	min	2.46	3.12	3.6	4.7	5.7
n	公称	1.2	1.2	1.6	2	2.5
	min	1.26	1.26	1.66	2.06	2.56
	max	1.51	1.51	1.91	2.31	2.81
r	min	0.2	0.2	0.25	0.4	0.4
t	min	1.1	1.3	1.6	2	2.4
w	min	1.1	1.3	1.6	2	2.4
x	max	1.75	2	2.5	3.2	3.8
公称长度 l(商品规格范围)		5～40	6～50	8～60	10～80	12～80
l(系列)		5,6,8,10,12,(14),16,20,25,30,35,40,45,50,(55),60,(65),70,(75),80				

注：1. 尽可能不采用括号内的规格。

2. P—螺距。

3. 公称长度 l≤40 mm 的螺钉,制出全螺纹(b＝l－a)。

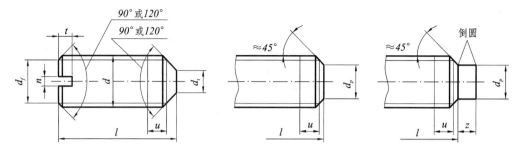

公称长度为短螺钉时,应制成120°,u 为不完整螺纹的长度≤2P

标记示例

螺纹规格 $d = $ M5、公称长度 $l = 12$ mm、性能等级为 14H 级、表面氧化的开槽平端紧定螺钉:

螺钉 GB/T 73　M5×12

表 B-6　开槽锥端紧定螺钉[GB/T 71—2018] 开槽平端紧定螺钉[GB/T 73—2017]

开槽长圆柱端紧定螺钉[GB/T 75—2018]　　　　　　mm

螺旋规格 d		M1.2	M1.6	M2	M2.5	M3	M4	M5	M6	M8	M10	M12
P		0.25	0.35	0.4	0.45	0.5	0.7	0.8	1	1.25	1.5	1.75
d_f	≈						螺纹小径					
d_t	min	—	—	—	—	—	—	—	—	—	—	—
	max	0.12	0.16	0.2	0.25	0.3	0.4	0.5	1.5	2	2.5	3
d_p	min	0.35	0.55	0.75	1.25	1.75	2.25	3.2	3.7	5.2	6.64	8.14
	max	0.6	0.8	1	1.5	2	2.5	3.5	4	5.5	7	8.5
n	公称	0.2	0.25	0.25	0.4	0.4	0.6	0.8	1	1.2	1.6	2
	min	0.26	0.31	0.31	0.46	0.46	0.66	0.86	1.06	1.26	1.66	2.06
	max	0.4	0.45	0.45	0.6	0.6	0.8	1	1.2	1.51	1.91	2.31
t	min	0.4	0.56	0.64	0.72	0.8	1.12	1.28	1.6	2	2.4	2.8
	max	0.52	0.74	0.84	0.95	1.05	1.42	1.63	2	2.5	3	3.6
z	min	—	0.8	1	1.25	1.5	2	2.5	3	4	5	6
	max	—	1.05	1.25	1.5	1.75	2.25	2.75	3.25	4.3	5.3	6.3
GB/T 71 —2018	l(公称长度)	2~6	2~8	3~10	3~12	4~16	6~20	8~25	8~30	10~40	12~50	14~60
	l(短螺钉)	2	2~2.5	2~2.5	2~3	2~3	2~4	2~5	2~6	2~8	2~10	2~12
GB/T 73 —2017	l(公称长度)	2~6	2~8	2~10	2.5~12	3~16	4~20	5~25	6~30	8~40	10~50	12~60
	l(短螺钉)	—	2	2~2.5	2~3	2~3	2~4	2~5	2~6	2~6	2~8	2~10
GB/T 75 —2018	l(公称长度)	—	2.5~8	3~10	4~12	5~16	6~20	8~25	8~30	10~40	12~50	14~60
	l(短螺钉)	—	2~2.5	2~3	2~4	2~5	2~6	2~8	2~10	2~12	2~16	2~20
l(系列)		2,2.5,3,4,5,6,8,10,12,(14),16,20,25,30,35,40,45,50,55,60										

5. 六角螺母

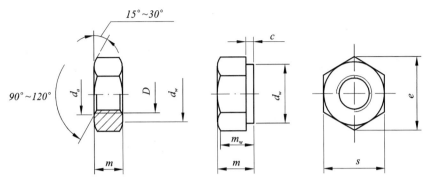

标记示例

螺纹规格 D＝M12、性能等级为 8 级、不经表面处理 A 级的 I 型六角螺母：

螺母 GB/T 6170　M12

表 B-7　1 型六角螺母—A 级和 B 级［GB/T 6170—2015］　　　　　　mm

螺纹规格 D	P	c max	d_a min	d_a max	d_w min	e min	m max	m min	m_w min	s max	s min
M1.6	0.35	0.2	1.6	1.84	2.4	3.41	1.3	1.05	0.8	3.2	3.02
M2	0.4	0.2	2	2.3	3.1	4.32	1.6	1.35	1.1	4	3.82
M2.5	0.45	0.3	2.5	2.9	4.1	5.45	2	1.75	1.4	5	4.82
M3	0.5	0.4	3	3.45	4.6	6.01	2.4	2.15	1.7	5.5	5.32
M4	0.7	0.4	4	4.6	5.9	7.66	3.2	2.9	2.3	7	6.78
M5	0.8	0.5	5	5.75	6.9	8.79	4.7	4.4	3.5	8	7.78
M6	1	0.5	6	6.75	8.9	11.05	5.2	4.9	3.9	10	9.78
M8	1.25	0.6	8	8.75	11.6	14.38	6.8	6.44	5.2	13	12.73
M10	1.5	0.6	10	10.8	14.6	17.77	8.4	8.04	6.4	16	15.73
M12	1.75	0.6	12	13	16.6	20.03	10.8	10.37	8.3	18	17.73
M16	2	0.8	16	17.3	22.5	26.75	14.8	14.1	11.3	24	23.67
M20	2.5	0.8	20	21.6	27.7	32.95	18	16.9	13.5	30	29.16
M24	3	0.8	24	25.9	33.3	39.55	21.5	20.2	16.2	36	35
M30	3.5	0.8	30	32.4	42.8	50.85	25.6	24.3	19.4	46	45
M36	4	0.8	36	38.9	51.1	60.79	31	29.4	23.5	55	53.8
M42	4.5	1	42	45.4	60	71.3	34	32.4	25.9	65	63.1
M48	5	1	48	51.8	69.5	82.6	38	36.4	29.1	75	73.1
M56	5.5	1	56	60.5	78.7	93.56	45	43.4	34.7	85	82.8
M64	6	1	64	69.1	88.2	104.86	51	49.1	39.3	95	92.8

注：1. A 级用于 $D \leqslant 16$ 的螺母；B 级用于 $D > 16$ 的螺母。本表仅按商品规格和通用规格列出。

2. 螺纹规格为 M8～M64、细牙、A 级和 B 级的 I 型六角螺母，请查阅 GB/T 6171—2016。

6. 垫 圈

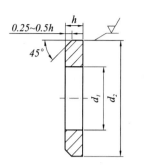 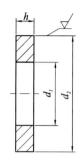

$$\sqrt{} = \begin{cases} \sqrt{Ra1.6} \ 用于 \ h \leq 3 \ mm \\ \sqrt{Ra3.2} \ 用于 \ 3 \ mm < h \leq 6 \ mm \\ \sqrt{Ra6.4} \ 用于 \ h > 6 \ mm \end{cases}$$

小垫圈[GB/T 848—2002],A 级

平垫圈—倒角型[GB/T 97.2—2002],A 级

平垫圈[GB/T 97.1—2002],A 级

大垫圈(A 级产品)[GB/T 96.1—2002]

标记示例

标准系列、公称尺寸 $d = 8$ mm、性能等级为 200HV 级、不经表面处理的平垫圈:

垫圈 GB/T 97.1 8

表 B-8 垫 圈   mm

		公称尺寸(螺纹规格)d	1.6	2	2.5	3	4	5	6	8	10	12	16	20	24	30	36
d_1 内径	max	GB/T 848—2002	1.84	2.34	2.84	3.38	4.48	5.48	6.62	8.62	10.77	13.27	17.27	21.33	25.33	31.39	37.62
		GB/T 97.1—2002															
		GB/T 97.2—2002	—	—	—	—	—										
		GB/T 96.1—2002	—	—	—	3.38	3.48								25.52	33.62	39.62
	公称(min)	GB/T 848—2002	1.7	2.2	2.7	3.2	4.3	5.3	6.4	8.4	10.5	13	17	21	25	31	37
		GB/T 97.1—2002															
		GB/T 97.2—2002	—	—	—	—	—										
		GB/T 96.1—2002	—	—	—	3.2	4.3									33	39
d_2 外径	公称(max)	GB/T 848—2002	3.5	4.5	5	6	8	9	11	15	18	20	28	34	39	50	60
		GB/T 97.1—2002	4	5	6	7	9	10	12	16	20	24	30	37	44	56	66
		GB/T 97.2—2002	—	—	—	—	—										
		GB/T 96.1—2002	—	—	—	9	12	15	18	24	30	37	50	60	72	92	110
	min	GB/T 848—2002	3.2	4.2	4.7	5.7	7.64	8.64	10.57	14.57	17.57	19.48	27.48	33.38	38.38	49.38	58.8
		GB/T 97.1—2002	3.7	4.7	5.7	6.64	8.64	9.64	11.57	15.57	19.48	23.48	29.48	36.38	43.38	55.26	64.8
		GB/T 97.2—2002															
		GB/T 96.1—2002	—	—	—	8.64	11.57	14.57	17.57	23.48	29.48	36.38	49.38	59.26	70.8	90.6	108.6
h 厚度	公称	GB/T 848—2002	0.3	0.3	0.5	0.5	0.5	1	1.6	1.6	1.6	2	2.5	3	4	4	5
		GB/T 97.1—2002					0.8				2	2.5	3				
		GB/T 97.2—2002	—	—	—	—											
		GB/T 96.1—2002	—	—	—	0.8	1			2	2.5	3	3	4	5	6	8
	max	GB/T 848—2002	0.35	0.35	0.55	0.55	0.55	1.1	1.8	1.8	1.8	2.2	2.7	3.3	4.3	4.3	5.6
		GB/T 97.1—2002					0.9				2.2	2.7	3.3				
		GB/T 97.2—2002	—	—	—	—											
		GB/T 96.1—2002	—	—	—	0.9	1.1			2.2	2.7	3.3	3.3	4.3	5.6	6.6	9
	min	GB/T 848—2002	0.25	0.25	0.45	0.45	0.45	0.9	1.4	1.4	1.4	1.8	2.3	2.7	3.7	3.7	4.4
		GB/T 97.1—2002					0.7				1.8	2.3	2.7				
		GB/T 97.2—2002	—	—	—	—											
		GB/T 96.1—2002	—	—	—	0.7	0.9			1.8	2.3	2.7	2.7	3.7	4.4	5.4	7

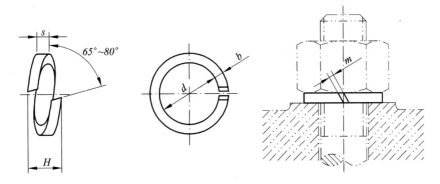

标记示例

规格 16 mm、材料为 65Mn、表面氧化的标准型弹簧垫圈：

垫圈 GB/T 93—1987 16

表 B-9 标准型弹簧垫圈[GB/T 93—1987]

mm

规格	d		$s(b)$			H		m
（螺纹大径）	min	max	公称	min	max	min	max	<
2	2.1	2.35	0.5	0.42	0.58	1	1.25	0.25
2.5	2.6	2.85	0.65	0.57	0.73	1.3	1.63	0.33
3	3.1	3.4	0.8	0.7	0.9	1.6	2	0.4
4	4.1	4.4	1.1	1	1.2	2.2	2.75	0.55
5	5.1	5.4	1.3	1.2	1.4	2.6	3.25	0.65
6	6.1	6.68	1.6	1.5	1.7	3.2	4	0.8
8	8.1	8.68	2.1	2	2.2	4.2	5.25	1.05
10	10.2	10.9	2.6	2.45	2.75	5.2	6.5	1.3
12	12.2	12.9	3.1	2.95	3.25	6.2	7.75	1.55
(14)	14.2	14.9	3.6	3.4	3.8	7.2	9	1.8
16	16.2	16.9	4.1	3.9	4.3	8.2	10.25	2.05
(18)	18.2	19.04	4.5	4.3	4.7	9	11.25	2.25
20	20.2	21.04	5	4.8	5.2	10	12.5	2.5
(22)	22.5	23.34	5.5	5.3	5.7	11	13.75	2.75
24	24.5	25.5	6	5.8	6.2	12	15	3
(27)	27.5	28.5	6.8	6.5	7.1	13.6	17	3.4
30	30.5	31.5	7.5	7.2	7.8	15	18.75	3.75
(33)	33.5	34.7	8.5	8.2	8.8	17	21.25	4.25
36	36.5	37.7	9	8.7	9.3	18	22.5	4.5
(39)	39.5	40.7	10	9.7	10.3	20	25	5
42	42.5	43.7	10.5	10.2	10.8	21	26.25	5.25
(45)	45.5	46.7	11	10.7	11.3	22	27.5	5.5
48	48.5	49.7	12	11.7	12.3	24	30	6

注：1. 尽可能不采用括号内的规格。

2. m 应大于零。

附录 C 键、销

1. 键和键槽

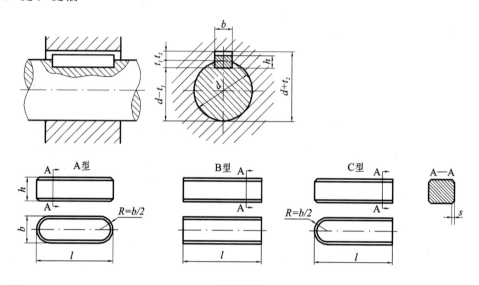

标记示例

圆头普通平键（A 型）,$b=18$ mm,$h=11$ mm,$l=100$ mm:

    GB/T 1096 键 18×11×100

方头普通平键（B 型）,$b=18$ mm,$h=11$ mm,$l=100$ mm:

    GB/T 1096 键 B18×11×100

单圆头普通平键（C 型）,$b=18$ mm,$h=11$ mm,$l=100$ mm:

    GB/T 1096 键 C18×11×100

表 C‑1 普通平键[GB/T 1096—2003]、平键的剖面及键槽[GB/T 1095—2003]

键的公称尺寸			键槽深		倒角或倒圆 s
			轴	轮毂	
b	h	l	t_1	t_2	
2	2	6～20	1.2	1.0	0.16～0.25
3	3	6～36	1.8	1.4	
4	4	8～45	2.5	1.8	
5	5	10～56	3.0	2.3	0.25～0.40
6	6	14～70	3.5	2.8	
8	7	18～90	4.0	3.3	

键的公称尺寸			键槽深		倒角或倒圆 s
			轴	轮毂	
b	h	l	t_1	t_2	
10	8	22～110	5.0	3.3	0.40～0.60
12	8	28～140	5.0	3.3	
14	9	36～160	5.5	3.8	
16	10	45～180	6.0	4.3	
18	11	50～200	7.0	4.4	
20	12	56～220	7.5	4.9	0.60～0.80
22	14	63～250	9.0	5.4	
25	14	70～280	9.0	5.4	
28	16	80～320	10.0	6.4	
32	18	90～360	11.0	7.4	
36	20	100～400	12.0	8.4	1.00～1.20
40	22	100～400	13.0	9.4	
45	25	110～450	15.0	10.4	
50	28	125～500	17.0	11.4	
56	32	140～500	20.0	12.4	1.60～2.00
63	32	160～500	20.0	12.4	
70	36	180～500	22.0	14.4	
80	40	200～500	25.0	15.4	2.50～3.00
90	45	220～500	28.0	17.4	
100	50	250～500	31.0	19.5	

l 系列　6,8,10,12,14,16,18,20,22,25,28,32,36,40,45,50,56,63,70,80,90,100,110,125,140, 160,180,200,220,250,280,320,360,400,450,500

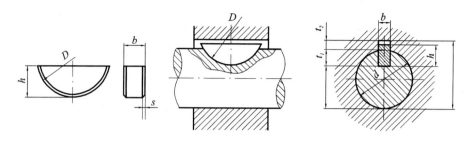

标记示例

半圆键 $b=6$ mm, $h=10$ mm, $d=25$ mm：

GB/T 1099.1　键 $6\times10\times25$

表 C-2　半圆键[GB/T 1099.1—2003]、键的剖面及键槽[GB/T 1098—2003]

mm

键的公称尺寸			键槽深		
			轴	轮毂	s
b	h	D	t_1	t_2	
1.0	1.4	4	1.0	0.6	0.16～0.25
1.5	2.6	7	2.0	0.8	
2.0	2.6	7	1.8	1.0	
	3.7	10	2.9		
2.5	3.7	10	2.7	1.2	
3.0	5.0	13	3.8	1.4	
	6.5	16	5.3		
4.0	6.5	16	5.0	1.8	0.25～0.40
	7.5	19	6.0		
5.0	6.5	16	4.5	2.3	
	7.5	19	5.5		
	9	22	7.0		
6.0	9	22	6.5	2.8	
	10	25	7.5		
8	11	28	8.0	3.3	0.40～0.60
10	13	32	10.0		

2．销

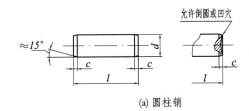

(a) 圆柱销

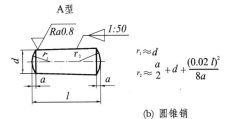

(b) 圆锥销

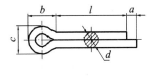

(c) 开口销

标记示例

公称直径 $d=6$ mm，公差为 m6，公称长度 $l=30$ mm 的圆柱销：销 GB/T 119.1　6m6×30

公称直径 $d=6$ mm，公称长度 $l=30$ mm 的圆锥销：销 GB/T 117　6×30

公称直径 $d=5$ mm、长度 $l=50$ mm 的开口销：销 GB/T 91　5×50

表 C-3　圆柱销[GB/T 119.1—2000]、圆锥销[GB/T 117—2000]

mm

名　称	公称直径 d	1	1.2	1.5	2	2.5	3	4	5	6	8	10	12
圆柱销 (GB/T 119.1 —2000)	$c\approx$	0.20	0.25	0.30	0.35	0.40	0.50	0.63	0.80	1.2	1.6	2	2.5
	l	4～10	4～12	4～16	6～20	6～24	8～30	8～40	10～50	12～60	14～80	18～95	22～140
圆锥销 (GB/T 117 —2000)	$a\approx$	0.12	0.16	0.2	0.25	0.3	0.4	0.5	0.63	0.8	1	1.2	1.6
	l	6～16	6～20	8～24	10～35	10～35	12～45	14～55	18～60	22～90	22～120	26～160	32～180
l 系列		2,3,4,5,6,8,10,12,14,16,18,20,22,24,26,28,30,32,35,40,45,50,55,60,65,70,75,80,85, 90,95,100,120,140,160,180,200											

表 C-4　开口销[GB/T 91—2000]

mm

公称直径 d	0.6	0.8	1	1.2	1.6	2	2.5	3.2	4	5	6.3	8
c_{max}	1	1.4	1.8	2	2.8	3.6	4.6	5.8	7.4	9.2	11.8	15
c_{min}	0.9	1.2	1.6	1.7	2.4	3.2	4.0	5.1	6.5	8.0	10.3	13.1
$b\approx$	2	2.4	3	3	3.2	4	5	6.4	8	10	12.6	16
a_{max}	1.6	1.6	1.6	2.5	2.5	2.5	2.5	3.2	4	4	4	4
a_{min}	0.8	0.8	0.8	1.25	1.25	1.25	1.25	1.6	2	2	2	2
l	4～12	5～16	6～20	8～25	8～32	10～40	12～50	14～63	18～80	22～100	32～125	40～160
l 系列	4,5,6,8,10,12,14,16,18,20,22,25,28,32,36,40,45,50,56,63,71,80,90,100,112,125,140,160											

附录 D 滚动轴承

1. 深沟球轴承

深沟球轴承如表 D-1 所列。

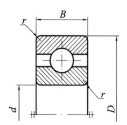

60000 型
标准外形
标记示例:滚动轴承 6210 GB/T 276—2013

表 D-1 深沟球轴承(GB/T 276—2013)

轴承代号	尺寸/mm				轴承代号	尺寸/mm				轴承代号	尺寸/mm			
	d	D	B	r_{smin}		d	D	B	r_{smin}		d	D	B	r_{smin}
02 系列					03 系列					04 系列				
6200	10	30	9	0.6	6300	10	35	11	0.6	6403	17	62	17	1.1
6201	12	32	10	0.6	6301	12	37	12	1	6404	20	72	19	1.1
6202	15	35	11	0.6	3602	15	42	13	1	6405	25	80	21	1.5
6203	17	40	12	0.6	6303	17	47	14	1	6406	30	90	23	1.5
6204	20	47	14	1	6304	20	52	15	1.1	6407	35	100	25	1.5
6205	25	52	15	1	6305	25	62	17	1.1	6408	40	110	27	2
6206	30	62	16	1	6306	30	72	19	1.1	6409	45	120	29	2
6207	35	72	17	1.1	6307	35	80	21	1.5	6410	50	130	31	2.1
6208	40	80	18	1.1	6308	40	90	23	1.5	6411	55	140	33	2.1
6209	45	85	19	1.1	6309	45	100	25	1.5	6412	60	150	35	2.1
6210	50	90	20	1.1	6310	50	110	27	2	6413	65	160	37	2.1
6211	55	100	21	1.5	6311	55	120	29	2	6414	70	180	42	3
6212	60	110	22	1.5	6312	60	130	31	2.1	6415	75	190	45	3
6213	65	120	23	1.5	6313	65	140	33	2.1	6416	80	200	48	3
6214	70	125	24	1.5	6314	70	150	35	2.1	6417	85	210	52	4
6215	75	130	25	1.5	6315	75	160	37	2.1	6418	90	225	54	4
6216	80	140	26	2	6316	80	170	39	2.1	6420	100	250	58	4
6217	85	150	28	2	6317	85	180	41	3					
6218	90	160	30	2	6318	90	190	43	3					
6219	95	170	32	2.1	6319	95	200	45	3					
6220	100	180	34	2.1	6320	100	215	47	3					

注:d—轴承公称内径; D—轴承公称外径;

B—轴承公称宽度; r—内、外圈公称倒角尺寸的单向最小尺寸。

2. 圆锥滚子轴承

圆锥滚子轴承如表 D-2 所列。

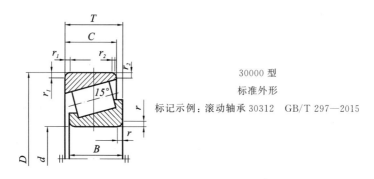

30000 型
标准外形
标记示例：滚动轴承 30312　GB/T 297—2015

表 D-2　圆锥滚子轴承(GB/T 297—2015)

轴承代号	尺寸/mm							
	d	D	B	C	T	r_{smin}	r_{1smin}	a
02 系列								
30203	17	40	12	11	13.25	1	1	12°57′10″
30204	20	47	14	12	15.25	1	1	12°57′10″
30205	25	52	15	13	16.25	1	1	14°02′10″
30206	30	62	16	14	17.25	1	1	14°02′10″
30207	35	72	17	15	18.25	1.5	1.5	14°02′10″
30208	40	80	18	16	19.75	1.5	1.5	14°02′10″
30209	45	85	19	16	20.75	1.5	1.5	15°06′34″
30210	50	90	20	17	21.75	1.5	1.5	15°38′32″
30211	55	100	21	18	22.75	2	1.5	15°06′34″
30212	60	110	22	19	23.75	2	1.5	15°06′34″
30213	65	120	23	20	24.75	2	1.5	15°06′34″
30214	70	125	24	21	26.25	2	1.5	15°38′32″
30215	75	130	25	22	27.25	2	1.5	16°10′20″
30216	80	140	26	22	28.25	2.5	2	15°38′32″
30217	85	150	28	24	30.5	2.5	2	15°38′32″
30218	90	160	30	26	32.5	2.5	2	15°38′32″
30219	95	170	32	27	34.5	3	2.5	15°38′32″
30220	100	180	34	29	37	3	2.5	15°38′32″

轴承代号	尺寸/mm							
	d	D	B	C	T	r_{min}	r_{1min}	a
03 系列								
30302	15	42	13	11	14.25	1	1	10°45′29″
30303	17	47	14	12	15.25	1	1	10°45′29″
30304	20	52	15	13	16.25	1.5	1.5	11°18′36″
30305	25	62	17	15	18.25	1.5	1.5	11°18′36″
30306	30	72	19	16	20.75	1.5	1.5	11°51′35″
30307	35	80	21	18	22.75	2	1.5	11°51′35″
30308	40	90	23	20	25.25	2	1.5	12°57′10″
30309	45	100	25	22	27.25	2	1.5	12°57′10″
30310	50	110	27	23	29.25	2.5	2	12°57′10″
30311	55	120	29	25	31.5	2.5	2	12°57′10″
30312	60	130	31	26	33.5	3	2.5	12°57′10″
30313	65	140	33	28	36	3	2.5	12°57′10″
30314	70	150	35	30	38	3	2.5	12°57′10″
30315	75	160	37	31	40	3	2.5	12°57′10″
30316	80	170	39	33	42.5	3	2.5	12°57′10″
30317	85	180	41	34	44.5	4	3	12°57′10″
30318	90	190	43	36	46.5	4	3	12°57′10″
30319	95	200	45	38	49.5	4	3	12°57′10″
30320	100	215	47	39	51.5	4	3	12°57′10″

注:国标未规定内圈和外圈前端面倒角尺寸 r_2,但前端面倒角不应为锐角。

3. 推力球轴承

推力球轴承如表 D - 3 所列。单向推力球轴承外形如下:

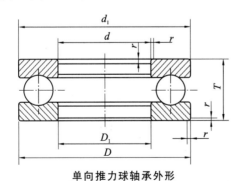

标记示例:滚动轴承 51214　GB/T 301—2015

单向推力球轴承外形
51000 型

表 D-3　推力球轴承(GB/T 301—2015)

轴承代号	尺寸/mm					
	d	D_{1smin}	D	d_{1smax}	T	r_{smin}
12 系列						
51200	10	12	26	26	11	0.6
51201	12	14	28	28	11	0.6
51202	15	17	32	32	12	0.6
51203	17	19	35	35	12	0.6
51204	20	22	40	40	14	0.6
51205	25	27	47	47	15	0.6
51206	30	32	52	52	16	0.6
51207	35	37	62	62	18	1
51208	40	42	68	68	19	1
51209	45	47	73	73	20	1
51210	50	52	78	78	22	1
51211	55	57	90	90	25	1
51212	60	62	95	95	26	1
51213	65	67	100	100	27	1
51214	70	72	105	105	27	1
51215	75	77	110	110	27	1
51216	80	82	115	115	28	1
51217	85	88	125	125	31	1
51218	90	93	135	135	35	1.1
51220	100	103	150	150	38	1.1
13 系列						
51304	20	22	47	47	18	1
51305	25	27	52	52	18	1
51306	30	32	60	60	21	1
51307	35	37	68	68	24	1
51308	40	42	78	78	26	1
51309	45	47	85	85	28	1
51310	50	52	95	95	31	1.1
51311	55	57	105	105	35	1.1
51312	60	62	110	110	35	1.1
51313	65	67	115	115	36	1.1
51314	70	72	125	125	40	1.1
51315	75	77	135	135	44	1.5
51316	80	82	140	140	44	1.5
51317	85	88	150	150	49	1.5
51318	90	93	155	155	50	1.5
51320	100	103	170	170	55	1.5
14 系列						
51405	25	27	60	60	24	1
51406	30	32	70	70	28	1
51407	35	37	80	80	32	1.1
51408	40	42	90	90	36	1.1
51409	45	47	100	100	39	1.1
51410	50	52	110	110	43	1.5
61411	55	57	120	120	48	1.5
51412	60	62	130	130	51	1.5
51413	65	68	140	140	56	2
51414	70	73	150	150	60	2
51415	75	78	160	160	65	2
51417	85	88	180	177	72	2.1
51418	90	93	190	187	77	2.1
51420	100	103	210	205	85	3

附录 E　公差与配合

公差与配合的基本数值如表 E-1～E-5 所列。

表 E-1　轴的基本偏差数值

基本尺寸 /mm	上偏差 es											js**	j 5.6	j 7	j 8
	a*	b*	c	cd	d	e	ef	f'	fg	g	h				
	所有公差等级												5.6	7	8
≤3	−270	−140	−60	−34	−20	−14	−10	−6	−4	−2	0	偏差＝±IT/2	−2	−4	−6
>3～6	−270	−140	−70	−46	−30	−20	−14	−10	−6	−4	0		−2	−4	—
>6～10	−280	−150	−80	−56	−40	−25	−18	−13	−8	−5	0		−2	−5	—
>10～14	−290	−150	−95	—	−50	−32	—	−16	—	−6	0		−3	−6	—
>14～18	−290	−150	−95	—	−50	−32	—	−16	—	−6	0		−3	−6	—
>18～24	−300	−160	−110	—	−65	−40	—	−20	—	−7	0		−4	−8	—
>24～30	−300	−160	−110	—	−65	−40	—	−20	—	−7	0		−4	−8	—
>30～40	−310	−170	−120	—	−80	−50	—	−25	—	−9	0		−5	−10	—
>40～50	−320	−180	−130	—	−80	−50	—	−25	—	−9	0		−5	−10	—
>50～65	−340	−190	−140	—	−100	−60	—	−30	—	−10	0		−7	−12	—
>65～80	−360	−200	−150	—	−100	−60	—	−30	—	−10	0		−7	−12	—
>80～100	−380	−220	−170	—	−120	−72	—	−36	—	−12	0		−9	−15	—
>100～120	−410	−240	−180	—	−120	−72	—	−36	—	−12	0		−9	−15	—
>120～140	−460	−260	−200	—	−145	−85	—	−43	—	−14	0		−11	−18	—
>140～160	−520	−280	−210	—	−145	−85	—	−43	—	−14	0		−11	−18	—
>160～180	−580	−310	−230	—	−145	−85	—	−43	—	−14	0		−11	−18	—
>180～200	−660	−340	−240	—	−170	−100	—	−50	—	−15	0		−13	−21	—
>200～225	−740	−380	−260	—	−170	−100	—	−50	—	−15	0		−13	−21	—
>225～250	−820	−420	−280	—	−170	−100	—	−50	—	−15	0		−13	−21	—
>250～280	−920	−480	−300	—	−190	−110	—	−56	—	−17	0		−16	−26	—
>280～315	−1050	−540	−330	—	−190	−110	—	−56	—	−17	0		−16	−26	—
>315～355	−1200	−600	−360	—	−210	−125	—	−62	—	−18	0		−18	−28	—
>355～400	−1350	−680	−400	—	−210	−125	—	−62	—	−18	0		−18	−28	—

注：* 基本尺寸小于 1 mm 时，各级的 a 和 b 均不采用。

　　** js 的数值，对 IT7 至 IT11，若 IT 的数值(μm)均为奇数，则取 js＝±(IT−1)/2。

[GB/T 1800.1—2009] μm

偏差

							下偏差 ei								
k		m	n	p	r	s	t	u	v	x	y	z	za	zb	zc
4～7	≤3 >7	所有公差等级													
0	0	+2	+4	+6	+10	+14	—	+18	—	+20	—	+26	+32	+40	+60
+1	0	+4	+8	+12	+15	+19	—	+23	—	+28	—	+35	+42	+50	+80
+1	0	+6	+10	+15	+19	+23		+28	—	+34	—	+42	+52	+67	+97
+1	0	+7	+12	+18	+23	+28	—	+33	—	+40	—	+50	+64	+90	+130
									+39	+45	—	+60	+77	+108	+150
+2	0	+8	+15	+22	+28	+35	—	+41	+47	+54	+63	+73	+98	+136	+188
							+41	+48	+55	+64	+75	+88	+118	+160	+218
+2	0	+9	+17	+26	+34	+43	+48	+60	+68	+80	+94	+112	+148	+200	+274
							+54	+70	+81	+97	+114	+136	+180	+242	+325
+2	0	+11	+20	+32	+41	+53	+66	+87	+102	+122	+144	+172	+226	+300	+405
					+43	+59	+75	+102	+120	+146	+174	+210	+274	+360	+480
+3	0	+13	+23	+37	+51	+71	+91	+124	+146	+178	+214	+258	+335	+445	+585
					+54	+79	+104	+144	+172	+210	+254	+310	+400	+525	+690
+3	0	+15	+27	+43	+63	+92	+122	+170	+202	+248	+300	+365	+470	+620	+800
					+65	+100	+134	+190	+228	+280	+340	+415	+535	+700	+900
					+68	+108	+146	+210	+252	+310	+380	+465	+600	+780	+1 000
+4	0	+17	+31	+50	+77	+122	+166	+236	+284	+350	+425	+520	+670	+880	+1 150
					+80	+130	+180	+258	+310	+385	+470	+575	+740	+960	+1 250
					+84	+140	+196	+284	+340	+425	+520	+640	+820	+1050	+1350
+4	0	+20	+34	+56	+94	+158	+218	+315	+385	+475	+580	+710	+920	+1200	+1 550
					+98	+170	+240	+350	+425	+525	+650	+790	+1 000	+1 300	+1 700
+4	0	+21	+37	+62	+108	+190	+268	+390	+475	+590	+730	+900	+1150	+1 500	+1 900
					+114	+208	+294	+435	+530	+660	+820	+1 000	+1 300	+1 650	+2 100

表 E－2　孔的基本偏差数值

基本

基本尺寸/mm	下偏差 EI												上偏差 ES								
	A*	B*	C	CD	D	E	EF	F	FG	G	H	JS**	J 6	J 7	J 8	K ≤8	K >8	M ≤8	M >8	N* ≤8	N* >8
	所有公差等级												6	7	8	≤8	>8	≤8	>8	≤8	>8
≤3	+270	+140	+60	+34	+20	14	+10	+6	+4	+2	0		+2	+4	+6	0	0	−2	−2	−4	−4
>3~6	+270	+140	+70	+46	+30	+20	+14	+10	+6	+4	0		+5	+6	+10	−1+Δ	—	−4+Δ	−4	−8+Δ	0
>6~10	+280	+150	+80	+56	+40	+25	+18	+13	+8	+5	0		+5	+8	12	−1+Δ	—	−6+Δ	−6	−10+Δ	0
>10~14	+290	+150	+95	—	+50	+32	—	+16		+6	0		+6	+10	+15	−1+Δ	—	−7+Δ	−7	−12+Δ	0
>14~18	+290	+150	+95	—	+50	+32	—	+16		+6	0		+6	+10	+15	−1+Δ	—	−7+Δ	−7	−12+Δ	0
>18~24	+300	+160	+110	—	+65	+40	—	+20	—	+7	0		+8	+12	+20	−2+Δ	—	−8+Δ	−8	−15+Δ	0
>24~30	+300	+160	+110	—	+65	+40	—	+20	—	+7	0		+8	+12	+20	−2+Δ	—	−8+Δ	−8	−15+Δ	0
>30~40	+310	+170	+120	—	+80	+50	—	+25	—	+9	0		+10	+14	+24	−2+Δ	—	−9+Δ	−9	−17+Δ	0
>40~50	+320	+180	+130	—	+80	+50	—	+25	—	+9	0		+10	+14	+24	−2+Δ	—	−9+Δ	−9	−17+Δ	0
>50~65	+340	+190	+140	—	+100	+60	—	+30	—	+10	0		+13	+18	+28	−2+Δ	—	−11+Δ	−11	−20+Δ	0
>65~80	+360	+200	+150	—	+100	+60	—	+30	—	+10	0		+13	+18	+28	−2+Δ	—	−11+Δ	−11	−20+Δ	0
>80~100	+380	+220	+170	—	+120	+72	—	+36	—	+12	0	偏差=±IT/2	+16	+22	+34	−3+Δ	—	−13+Δ	−13	−23+Δ	0
>100~120	+410	+240	+180	—	+120	+72	—	+36	—	+12	0		+16	+22	+34	−3+Δ	—	−13+Δ	−13	−23+Δ	0
>120~140	+460	+260	+200	—	+145	+85	—	+43	—	+14	0		+18	+26	+41	−3+Δ	—	−15+Δ	−15	−27+Δ	0
>140~160	+520	+280	+210	—	+145	+85	—	+43	—	+14	0		+18	+26	+41	−3+Δ	—	−15+Δ	−15	−27+Δ	0
>160~180	+580	+310	+230	—	+145	+85	—	+43	—	+14	0		+18	+26	+41	−3+Δ	—	−15+Δ	−15	−27+Δ	0
>180~200	+600	+340	+240	—	+170	+100	—	+50	—	+15	0		+22	+30	+47	−4+Δ	—	−17+Δ	−17	−31+Δ	0
>200~225	+740	+380	+260	—	+170	+100	—	+50	—	+15	0		+22	+30	+47	−4+Δ	—	−17+Δ	−17	−31+Δ	0
>225~250	+820	+420	+280	—	+170	+100	—	+50	—	+15	0		+22	+30	+47	−4+Δ	—	−17+Δ	−17	−31+Δ	0
>250~280	+920	+480	+300	—	+190	+110	—	+56	—	+17	0		+25	+36	+55	−4+Δ	—	−20+Δ	−20	−34+Δ	0
>280~315	+1050	+540	+330	—	+190	+110	—	+56	—	+17	0		+25	+36	+55	−4+Δ	—	−20+Δ	−20	−34+Δ	0
>315~355	+1200	+600	+360	—	+210	+125	—	+62	—	+18	0		+29	+39	+60	−4+Δ	—	−21+Δ	−21	−37+Δ	0
>355~400	+1350	+680	+400	—	+210	+125	—	+62	—	+18	0		+29	+39	+60	−4+Δ	—	−21+Δ	−21	−37+Δ	0

注：* 基本尺寸小于 1 mm 时，各级的 A 和 B 及大于 8 级的 N 均不采用。

　　** JS 的数值，对 IT7 至 IT11，若 IT 的数值(μm)为奇数，则取 JS=±(IT−1)/2。

[摘自 GB/T 1800.1—2009]   μm

偏差

P~ZC	上偏差 ES												Δ					
≤7	P	R	S	T	U	V	X	Y	Z	ZA	ZB	ZC	3	4	5	6	7	8
	>7																	
在>7的相应数值上增加一个Δ值	−6	−10	−14	—	−18	—	−20	—	−26	−32	−40	−60	0					
	−12	−15	−19	—	−23	—	−28	—	−35	−42	−50	−80	1	1.5	1	3	4	6
	−15	−19	−23	—	−28	—	−34	—	−42	−52	−67	−97	1	1.5	2	3	6	7
	−18	−23	−28	—	−33	—	−40	—	−50	−64	−90	−130	1	2	3	3	7	9
						−39	−45	—	−60	−77	−108	−150						
	−22	−28	−35	—	−41	−47	−54	−63	−73	−98	−136	−188	1.5	2	3	4	8	12
				−41	−48	−55	−64	−75	−88	−118	−160	−218						
	−26	−34	−43	−48	−60	−68	−80	−94	−112	−148	−200	−274	1.5	3	4	5	9	14
				−54	−70	−81	−97	−114	−136	−180	−242	−325						
	−32	−41	−53	−66	−87	−102	−122	−144	−172	−226	−300	−405	2	3	5	6	11	16
		−43	−59	−75	−102	−120	−146	−174	−210	−274	−360	−480						
	−37	−51	−71	−91	−124	−146	−178	−214	−258	−335	−445	−585	2	4	5	7	13	19
		−54	−79	−104	−144	−172	−210	−254	−310	−400	−525	−690						
	−43	−63	−92	−122	−170	−202	−248	−300	−365	−470	−620	−800	3	4	6	7	15	23
		−65	−100	−134	−190	−228	−280	−340	−415	−535	−700	−900						
		−68	−108	−146	−210	−252	−310	−380	−465	−600	−780	−1 000						
	−50	−77	−122	−166	−236	−284	−350	−425	−520	−670	−880	−1 150	3	4	6	9	17	26
		−80	−130	−180	−258	−310	−385	−470	−575	−740	−960	−1 250						
		−84	−140	−196	−284	−340	−425	−520	−640	−820	−1 050	−1 350						
	−56	−94	−158	−218	−315	−385	−475	−580	−710	−920	−1 200	−1 550	4	4	7	9	20	29
		−98	−170	−240	−350	−425	−525	−650	−790	−1 000	−1 300	−1 700						
	−62	−108	−190	−268	−390	−475	−590	−730	−900	−1 150	−1 500	−1 900	4	5	7	11	21	32
		−114	−208	−294	−435	−530	−660	−820	−1 000	−1 300	−1 650	−2 100						

表 E-3　基孔制优先、常用配合 [GB/T 1801—2009]

基准孔	轴																				
	a	b	c	d	e	f	g	h	js	k	m	n	p	r	s	t	u	v	x	y	z
	间隙配合								过渡配合				过盈配合								
H6						$\frac{H6}{f5}$	$\frac{H6}{g5}$	$\frac{H6}{h5}$	$\frac{H6}{js5}$	$\frac{H6}{k5}$	$\frac{H6}{m5}$	$\frac{H6}{n5}$	$\frac{H6}{p5}$	$\frac{H6}{r5}$	$\frac{H6}{s5}$	$\frac{H6}{t5}$					
H7						$\frac{H7}{f6}$	$\frac{H7}{g6}$	$\frac{H7}{h6}$	$\frac{H7}{js6}$	$\frac{H7}{k6}$	$\frac{H7}{m6}$	$\frac{H7}{n6}$	$\frac{H7}{p6}$	$\frac{H7}{r6}$	$\frac{H7}{s6}$	$\frac{H7}{t6}$	$\frac{H7}{u6}$	$\frac{H7}{v6}$	$\frac{H7}{x6}$	$\frac{H7}{y6}$	$\frac{H7}{z6}$
H8					$\frac{H8}{e7}$	$\frac{H8}{f7}$	$\frac{H8}{g7}$	$\frac{H8}{h7}$	$\frac{H8}{js7}$	$\frac{H8}{k7}$	$\frac{H8}{m7}$	$\frac{H8}{n7}$	$\frac{H8}{p7}$	$\frac{H8}{r7}$	$\frac{H8}{s7}$	$\frac{H8}{t7}$	$\frac{H8}{u7}$				
				$\frac{H8}{d8}$	$\frac{H8}{e8}$	$\frac{H8}{f8}$		$\frac{H8}{h8}$													
H9			$\frac{H9}{c9}$	$\frac{H9}{d9}$	$\frac{H9}{e9}$	$\frac{H9}{f9}$		$\frac{H9}{h9}$													
H10			$\frac{H10}{c10}$	$\frac{H10}{d10}$				$\frac{H10}{h10}$													
H11	$\frac{H11}{a11}$	$\frac{H11}{b11}$	$\frac{H11}{c11}$	$\frac{H11}{d11}$				$\frac{H11}{h11}$													
H12		$\frac{H12}{b12}$						$\frac{H12}{h12}$													

注: 1. $\frac{H6}{n5}$、$\frac{H7}{p6}$ 在公称尺寸小于或等于 3 mm 和 $\frac{H8}{r7}$ 在小于或等于 100 mm 时,为过渡配合。

2. 标注 ▼ 的配合为优先配合。

表 E - 4 基轴制优先、常用配合［GB/T 1801—2009］

基准轴	孔																				
	A	B	C	D	E	F	G	H	JS	K	M	N	P	R	S	T	U	V	X	Y	Z
	间隙配合								过渡配合			过盈配合									
h5						$\frac{F6}{h5}$	$\frac{G6}{h5}$	$\frac{H6}{h5}$	$\frac{JS6}{h5}$	$\frac{K6}{h5}$	$\frac{M6}{h5}$	$\frac{N6}{h5}$	$\frac{P6}{h5}$	$\frac{R6}{h5}$	$\frac{S6}{h5}$	$\frac{T6}{h5}$					
h6						$\frac{F7}{h6}$	$\frac{G7}{h6}$	$\frac{H7}{h6}$	$\frac{JS7}{h6}$	$\frac{K7}{h6}$	$\frac{M7}{h6}$	$\frac{N7}{h6}$	$\frac{P7}{h6}$	$\frac{R7}{h6}$	$\frac{S7}{h6}$	$\frac{T7}{h6}$	$\frac{U7}{h6}$				
h7					$\frac{E8}{h7}$	$\frac{F8}{h7}$		$\frac{H8}{h7}$	$\frac{JS8}{h7}$	$\frac{K8}{h7}$	$\frac{M8}{h7}$	$\frac{N8}{h7}$									
h8				$\frac{D8}{h8}$	$\frac{E8}{h8}$	$\frac{F8}{h8}$		$\frac{H8}{h8}$													
h9				$\frac{D9}{h9}$	$\frac{E9}{h9}$	$\frac{F9}{h9}$		$\frac{H9}{h9}$													
h10				$\frac{D10}{h10}$				$\frac{H10}{h10}$													
h11	$\frac{A11}{h11}$	$\frac{B11}{h11}$	$\frac{C11}{h11}$	$\frac{D11}{h11}$				$\frac{H11}{h11}$													
h12		$\frac{B12}{h12}$						$\frac{H12}{h12}$													

注：标注 ▟ 的配合为优先配合。

本附录给出了公称尺寸至 500 mm 的优先、常用配合极限间隙或极限过盈数值表（见表 E-5），用于指导配合的选用。

表 E-5 极限间隙或极限过盈［GB/T 1801—2009］

μm

基孔制	H6/f5	H6/g5	H6/h5	H7/f6	H7/g6	H7/h6	H8/e7	H8/f7	H8/g7	H8/h7	H8/d8	H8/e8	H8/f8	H8/h8	H9/c9	H9/d9
基轴制	F6/h5	G6/h5	H6/h5	F7/h6	G7/h6	H7/h6	E8/h7	F8/h7		H8/h7	D8/h8	E8/h8	F8/h8	H8/h8		D9/h9
公称尺寸/mm（大于—至）						间 隙 配 合										
—～3	+16/+6	+12/+2	+10/0	+22/+6	+18/+2	+16/0	+38/+14	+30/+6	+26/+2	+24/0	+48/+20	+42/+14	+34/+6	+28/0	+110/+60	+70/+20
3～6	+23/+10	+17/+4	+13/0	+30/+10	+24/+4	+20/0	+50/+20	+40/+10	+34/+4	+30/0	+66/+30	+56/+20	+46/+10	+36/0	+130/+70	+90/+30
6～10	+28/+13	+20/+5	+15/0	+37/+13	+29/+5	+24/0	+62/+25	+50/+13	+42/+5	+37/0	+84/+40	+69/+25	+57/+13	+44/0	+152/+80	+112/+40
10～14	+35/+16	+25/+6	+19/0	+45/+16	+35/+6	+29/0	+77/+32	+61/+16	+51/+6	+45/0	+104/+50	+86/+32	+70/+16	+54/0	+181/+95	+136/+50
14～18																
18～24	+42/+20	+29/+7	+22/0	+54/+20	+41/+7	+34/0	+94/+40	+74/+20	+61/+7	+54/0	+131/+65	+106/+40	+86/+20	+66/0	+214/+110	+169/+65
24～30																
30～40	+52/+25	+36/+9	+27/0	+66/+25	+50/+9	+41/0	+114/+50	+89/+25	+73/+9	+64/0	+158/+80	+128/+50	+103/+25	+78/0	+244/+120	+204/+80
40～50															+254/+130	
50～65	+62/+30	+42/+10	+32/0	+79/+30	+59/+10	+49/0	+136/+60	+106/+30	+86/+10	+76/0	+192/+100	+152/+60	+122/+30	+92/0	+288/+140	+248/+100
65～80															+298/+150	
80～100	+73/+36	+49/+12	+37/0	+93/+36	+69/+12	+57/0	+161/+72	+125/+36	+101/+12	+89/0	+228/+120	+180/+72	+144/+36	+108/0	+344/+170	+294/+120
100～120															+354/+180	
120～140	+86/+43	+57/+14	+43/0	+108/+43	+79/+14	+65/0	+188/+85	+146/+43	+117/+14	+103/0	+271/+145	+211/+85	+169/+43	+126/0	+400/+200	+345/+145
140～160															+410/+210	
160～180															+430/+230	
180～200	+99/+50	+64/+15	+49/0	+125/+50	+90/+15	+75/0	+218/+100	+168/+50	+133/+15	+118/0	+314/+170	+244/+100	+194/+50	+144/0	+470/+240	+400/+170
200～225															+490/+260	
225～250															+510/+280	
250～280	+111/+56	+72/+17	+55/0	+140/+56	+101/+17	+84/0	+243/+110	+189/+56	+150/+17	+133/0	+352/+190	+272/+110	+218/+56	+162/0	+560/+300	+450/+190
280～315															+590/+330	
315～355	+123/+62	+79/+18	+61/0	+155/+62	+111/+18	+93/0	+271/+125	+208/+62	+164/+18	+146/0	+388/+210	+303/+125	+240/+62	+178/0	+640/+360	+490/+210
355～400															+680/+400	
400～450	+135/+68	+87/+20	+67/0	+171/+68	+123/+20	+103/0	+295/+135	+228/+68	+180/+20	+160/0	+424/+230	+329/+135	+262/+68	+194/0	+750/+440	+540/+230
450～500															+790/+480	

注：1. 表中"+"值为间隙量，"一"值为过盈量。
2. 标注 ◤ 的配合为优先配合。

续表 E－5

间 隙 配 合 （H9/e9 ～ H12/h12）；过 渡 配 合 （H6/js5, JS6/h5）

基孔制		H9/e9	H9/f9	H9/h9	H10/c10	H10/d10	H10/h10	H11/a11	H11/b11	H11/c11	H11/d11	H11/h11	H12/b12	H12/h12	H6/js5	
基轴制		E9/h9	F9/h9	H9/h9		D10/h10	H10/h10	A11/h11	B11/h11	C11/h11	D11/h11	H11/h11	B12/h12	H12/h12		JS6/h5
公称尺寸/mm 大于	至															
—	3	+64/+14	+56/+6	+50/0	+140/+60	+100/+20	+80/0	+390/+270	+260/+140	+180/+60	+140/+20	+120/0	+340/+140	+200/0	+8/−2	+7/−3
3	6	+80/+20	+70/+10	+60/0	+166/+70	+126/+30	+96/0	+420/+270	+290/+140	+220/+70	+180/+30	+150/0	+380/+140	+240/0	+10.5/−2.5	+9/−4
6	10	+97/+25	+85/+13	+72/0	+196/+80	+156/+40	+116/0	+460/+280	+330/+150	+260/+80	+220/+40	+180/0	+450/+150	+300/0	+12/−3	+10.5/−4.5
10	14	+118/+32	+102/+16	+86/0	+235/+95	+190/+50	+140/0	+510/+290	+370/+150	+315/+95	+270/+50	+220/0	+510/+150	+360/0	+15/−4	+13.5/−5.5
14	18															
18	24	+144/+40	+124/+20	+104/0	+278/+110	+233/+65	+168/0	+560/+300	+420/+160	+370/+110	+325/+65	+260/0	+580/+160	+420/0	+17.5/−4.5	+15.5/−6.5
24	30															
30	40	+174/+50	+149/+25	+124/0	+320/+120	+280/+80	+200/0	+630/+310	+490/+170	+440/+120	+400/+80	+320/0	+670/+170	+500/0	+21.5/−5.5	+19/−8
40	50				+330/+130			+640/+320	+500/+180	+450/+130			+680/+180			
50	65	+208/+60	+178/+30	+148/0	+380/+140	+340/+100	+240/0	+720/+340	+570/+190	+520/+140	+480/+100	+380/0	+790/+190	+600/0	+25.5/−6.5	+22.5/−9.5
65	80				+390/+150			+740/+360	+580/+200	+530/+150			+800/+200			
80	100	+246/+72	+210/+36	+174/0	+450/+170	+400/+120	+280/0	+820/+380	+660/+220	+610/+170	+560/+120	+440/0	+920/+220	+700/0	+29.5/−7.5	+26/−11
100	120				+460/+180			+850/+410	+680/+240	+620/+180			+940/+240			
120	140	+285/+85	+243/+43	+200/0	+520/+200	+465/+145	+320/0	+960/+460	+760/+260	+700/+200	+645/+145	+500/0	+1060/+260	+800/0	+34/−9	+30.5/−12.5
140	160				+530/+210			+1020/+520	+780/+280	+710/+210			+1080/+280			
160	180				+550/+230			+1080/+580	+810/+310	+730/+230			+1110/+310			
180	200	+330/+100	+280/+50	+230/0	+610/+240	+540/+170	+370/0	+1240/+660	+920/+340	+820/+240	+750/+170	+580/0	+1260/+340	+920/0	+39/−10	+34.5/−14.5
200	225				+630/+260			+1320/+740	+960/+380	+840/+260			+1300/+380			
225	250				+650/+280			+1400/+820	+1000/+420	+860/+280			+1340/+420			
250	280	+370/+110	+316/+56	+260/0	+720/+300	+610/+190	+420/0	+1560/+920	+1120/+480	+940/+300	+830/+190	+640/0	+1520/+480	+1040/0	+43.5/−11.5	+39/−16
280	315				+750/+330			+1690/+1050	+1180/+540	+970/+330			+1580/+540			
315	355	+405/+125	+342/+62	+280/0	+820/+360	+670/+210	+460/0	+1920/+1200	+1320/+600	+1080/+360	+930/+210	+720/0	+1740/+600	+1140/0	+48.5/−12.5	+43/−18
355	400				+860/+400			+2070/+1350	+1400/+680	+1120/+400			+1820/+680			
400	450	+445/+135	+378/+68	+310/0	+940/+440	+730/+230	+500/0	+2300/+1500	+1560/+760	+1240/+440	+1030/+230	+800/0	+2020/+760	+1260/0	+53.5/−13.5	+47/−20
450	500				+980/+480			+2450/+1650	+1640/+840	+1280/+480			+2100/+840			

续表 E-5

基孔制 / 基轴制（过 渡 配 合）

公称尺寸/mm 大于	至	H6/k5 (K6/h5)	H6/m5 (M6/h5)	H7/js6 (JS7/h6)	H7/k6 ▼ (K7/h6 ▼)	H7/m6 (M7/h6)	H7/n6 ▼ (N7/h6 ▼)	H8/js7 (JS8/h7)	H8/k7 (K8/h7)
—	3	+6/-4；+4/-6	+4/-6；+2/-8	+13/-3；+11/-5	+10/-6；+6/-10	±8；+4/-12	+6/-10；+2/-14	+19/-5；+17/-7	+14/-10；+10/-14
3	6	+7/-6	+4/-9	+16/-4；+14/-6	+11/-9	+8/-12	+4/-16	+24/-6；+21/-9	+17/-13
6	10	+8/-7	+3/-12	+19.5/-4.5；+16/-7	+14/-10	+9/-15	+5/-19	+29/-7；+26/-11	+21/-16
10	14	+10/-9	+4/-15	+23.5/-5.5；+20/-9	+17/-12	+11/-18	+6/-23	+36/-9；+31/-13	+26/-19
14	18								
18	24	±11	+5/-17	+27.5/-6.5；+23/-10	+19/-15	+13/-21	+6/-28	+43/-10；+37/-16	+31/-23
24	30								
30	40	+14/-13	+7/-20	+33/-8；+28/-12	+23/-18	+16/-25	+8/-33	+51/-12；+44/-19	+37/-27
40	50								
50	65	+17/-15	+8/-24	+39.5/-9.5；+34/-15	+28/-21	+19/-30	+10/-39	+61/-15；+53/-23	+44/-32
65	80								
80	100	+19/-18	+9/-28	+46/-11；+39/-17	+32/-25	+22/-35	+12/-45	+71/-17；+62/-27	+51/-38
100	120								
120	140	+22/-21	+10/-33	+52.5/-12.5；+45/-20	+37/-28	+25/-40	+13/-52	+83/-20；+71/-31	+60/-43
140	160								
160	180								
180	200	+25/-24	+12/-37	+60.5/-14.5；+52/-23	+42/-33	+29/-46	+15/-60	+95/-23；+82/-36	+68/-50
200	225								
225	250								
250	280	+28/-27	+12/-43；+14/-41	+68/-16；+58/-26	+48/-36	+32/-52	+18/-66	+107/-26；+92/-40	+77/-56
280	315								
315	355	+32/-29	+15/-46	+75/-18；+64/-28	+53/-40	+36/-57	+20/-73	+117/-28；+101/-44	+85/-61
355	400								
400	450	+35/-32	+17/-50	+83/-20；+71/-31	+58/-45	+40/-63	+23/-80	+128/-31；+111/-48	+92/-68
450	500								

说明：过渡配合 —— H8/m7、H8/n7、H8/p7；过盈配合 —— H6/n5、H6/p5、H6/r5、H6/s5、H6/t5、H7/p6。各格数值为上偏差/下偏差（单位：μm）。

基孔制 → 基轴制	大于	至	H8/m7 (M8/h7)	H8/n7 (N8/h7)	H8/p7	H6/n5 (N6/h5)	H6/p5 (P6/h5)	H6/r5 (R6/h5)	H6/s5 (S6/h5)	H6/t5 (T6/h5)	H7/p6 (P7/h6)
公称尺寸/mm	—	3	+12/−12 ; +8/−16	+10/−14 ; +6/−18	+8/−16	+2/−8 ; 0/−10	0/−10 ; −2/−12	−4/−14 ; −6/−16	−8/−18 ; −10/−20	—	+4/−12 ; 0/−16
	3	6	+14/−16	+10/−20	+6/−24	0/−13	−4/−17	−7/−20	−11/−24	—	0/−20
	6	10	+16/−21	+12/−25	+7/−30	−1/−16	−6/−21	−10/−25	−14/−29	—	0/−24
	10	14	+20/−25	+15/−30	+9/−36	−1/−20	−7/−26	−12/−31	−17/−36	—	0/−29
	14	18	+20/−25	+15/−30	+9/−36	−1/−20	−7/−26	−12/−31	−17/−36	—	0/−29
	18	24	+25/−29	+18/−36	+11/−43	−2/−24	−9/−31	−15/−37	−22/−44	—	−1/−35
	24	30	+25/−29	+18/−36	+11/−43	−2/−24	−9/−31	−15/−37	−22/−44	−28/−50	−1/−35
	30	40	+30/−34	+22/−42	+13/−51	−1/−28	−10/−37	−18/−45	−27/−54	−32/−59	−1/−42
	40	50	+30/−34	+22/−42	+13/−51	−1/−28	−10/−37	−18/−45	−27/−54	−38/−65	−1/−42
	50	65	+35/−41	+26/−50	+14/−62	−1/−33	−13/−45	−22/−54	−34/−66	−47/−79	−2/−51
	65	80	+35/−41	+26/−50	+14/−62	−1/−33	−13/−45	−24/−56	−40/−72	−56/−88	−2/−51
	80	100	+41/−48	+31/−58	+17/−72	−1/−38	−15/−52	−29/−66	−49/−86	−69/−106	−2/−59
	100	120	+41/−48	+31/−58	+17/−72	−1/−38	−15/−52	−32/−69	−57/−94	−82/−119	−2/−59
	120	140	+48/−55	+36/−67	+20/−83	−2/−45	−18/−61	−38/−81	−67/−110	−97/−140	−3/−68
	140	160	+48/−55	+36/−67	+20/−83	−2/−45	−18/−61	−40/−83	−75/−118	−109/−152	−3/−68
	160	180	+48/−55	+36/−67	+20/−83	−2/−45	−18/−61	−43/−86	−83/−126	−121/−164	−3/−68
	180	200	+55/−63	+41/−77	+22/−96	−2/−51	−21/−70	−48/−97	−93/−142	−137/−186	−4/−79
	200	225	+55/−63	+41/−77	+22/−96	−2/−51	−21/−70	−51/−100	−101/−150	−151/−200	−4/−79
	225	250	+55/−63	+41/−77	+22/−96	−2/−51	−21/−70	−55/−104	−111/−160	−167/−216	−4/−79
	250	280	+61/−72	+47/−86	+25/−108	−2/−57	−24/−79	−62/−117	−120/−181	−186/−241	−4/−88
	280	315	+61/−72	+47/−86	+25/−108	−2/−57	−24/−79	−66/−121	−138/−193	−208/−263	−4/−88
	315	355	+68/−78	+52/−94	+27/−119	−1/−62	−26/−87	−72/−133	−154/−215	−232/−293	−5/−98
	355	400	+68/−78	+52/−94	+27/−119	−1/−62	−26/−87	−78/−139	−172/−233	−258/−319	−5/−98
	400	450	+74/−86	+57/−103	+29/−131	0/−67	−28/−95	−86/−153	−192/−259	−290/−357	−5/−108
	450	500	+74/−86	+57/−103	+29/−131	0/−67	−28/−95	−92/−159	−212/−279	−320/−387	−5/−108

注：H6/n5、H7/p6 在公称尺寸小于或等于 3 mm 时，为过渡配合。

续表 E − 5

上部为基孔制、基轴制代号；公称尺寸栏以下为"过盈配合"（各栏数值：上为上偏差、下为下偏差，单位 μm）。

公称尺寸/mm 大于	至	H7/r6	▲H7/s6	H7/t6	▲H7/u6	H7/v6	H7/x6	H7/y6	H7/z6	H8/r7	H8/s7	H8/t7	H8/u7
基轴制			R7/h6	▲S7/h6	T7/h6	▲U7/h6							
—	3	0 / −16	−4 / −20	—	−8 / −24	—	−10 / −26	—	−16 / −32	+4 / −20	0 / −24	—	−4 / −28
3	6	−3 / −23	−7 / −27	—	−11 / −31	—	−16 / −36	—	−23 / −43	+3 / −27	−1 / −31	—	−5 / −35
6	10	−4 / −28	−8 / −32	—	−13 / −37	—	−19 / −43	—	−27 / −51	+3 / −34	−1 / −38	—	−6 / −43
10	14	−5 / −34	−10 / −39	—	−15 / −44	—	−22 / −51	—	−32 / −61	+4 / −41	−1 / −46	—	−6 / −51
14	18			—		−21 / −50	−27 / −56	—	−42 / −71			—	
18	24	−7 / −41	−14 / −48	—	−20 / −54	−26 / −60	−33 / −67	−42 / −76	−52 / −86	+5 / −49	−2 / −56	—	−8 / −62
24	30			−20 / −54	−27 / −61	−34 / −68	−43 / −77	−54 / −88	−67 / −101			−8 / −62	−15 / −69
30	40	−9 / −50	−18 / −59	−23 / −64	−35 / −76	−43 / −84	−55 / −96	−69 / −110	−87 / −128	+5 / −59	−4 / −68	−9 / −73	−21 / −85
40	50			−29 / −70	−45 / −86	−56 / −97	−72 / −113	−89 / −130	−111 / −152			−15 / −79	−31 / −95
50	65	−11 / −60	−23 / −72	−36 / −85	−57 / −106	−72 / −121	−92 / −141	−114 / −163	−142 / −191	+5 / −71	−7 / −83	−20 / −96	−41 / −117
65	80	−13 / −62	−29 / −78	−45 / −94	−72 / −121	−90 / −139	−116 / −165	−144 / −193	−180 / −229	+3 / −73	−13 / −89	−29 / −105	−56 / −132
80	100	−16 / −73	−36 / −93	−56 / −113	−89 / −146	−111 / −168	−143 / −200	−179 / −236	−223 / −280	+3 / −86	−17 / −106	−37 / −126	−70 / −159
100	120	−19 / −76	−44 / −101	−69 / −126	−109 / −166	−137 / −194	−175 / −232	−219 / −276	−275 / −332	0 / −89	−25 / −114	−50 / −139	−90 / −179
120	140	−23 / −88	−52 / −117	−82 / −147	−130 / −195	−162 / −227	−208 / −273	−260 / −325	−325 / −390	0 / −103	−29 / −132	−59 / −162	−107 / −210
140	160	−25 / −90	−60 / −125	−94 / −159	−150 / −215	−188 / −253	−240 / −305	−300 / −365	−375 / −440	−2 / −105	−37 / −140	−71 / −174	−127 / −230
160	180	−28 / −93	−68 / −133	−106 / −171	−170 / −235	−212 / −277	−270 / −335	−340 / −405	−425 / −490	−5 / −108	−45 / −148	−83 / −186	−147 / −250
180	200	−31 / −106	−76 / −151	−120 / −195	−190 / −265	−238 / −313	−304 / −379	−379 / −454	−474 / −549	−5 / −123	−50 / −168	−94 / −212	−164 / −282
200	225	−34 / −109	−84 / −159	−134 / −209	−212 / −287	−264 / −339	−339 / −414	−424 / −499	−529 / −604	−8 / −126	−58 / −176	−108 / −226	−186 / −304
225	250	−38 / −113	−94 / −169	−150 / −225	−238 / −313	−294 / −369	−379 / −454	−474 / −549	−594 / −669	−12 / −130	−68 / −186	−124 / −242	−212 / −330
250	280	−42 / −126	−106 / −190	−166 / −250	−263 / −347	−333 / −417	−423 / −507	−528 / −612	−658 / −742	−13 / −146	−77 / −210	−137 / −270	−234 / −367
280	315	−46 / −130	−118 / −202	−188 / −272	−298 / −382	−373 / −457	−473 / −557	−598 / −682	−738 / −822	−17 / −150	−89 / −222	−159 / −292	−269 / −402
315	355	−51 / −144	−133 / −226	−211 / −304	−333 / −426	−418 / −511	−533 / −626	−673 / −766	−843 / −936	−19 / −165	−101 / −247	−179 / −325	−301 / −447
355	400	−57 / −150	−151 / −244	−237 / −330	−378 / −471	−473 / −566	−603 / −696	−763 / −856	−943 / −1 036	−25 / −171	−119 / −265	−205 / −351	−346 / −492
400	450	−63 / −166	−169 / −272	−267 / −370	−427 / −530	−532 / −635	−677 / −780	−857 / −960	−1 037 / −1 140	−29 / −189	−135 / −295	−233 / −393	−393 / −553
450	500	−69 / −172	−189 / −292	−297 / −400	−477 / −580	−597 / −700	−757 / −860	−937 / −1 040	−1 187 / −1 290	−35 / −195	−155 / −315	−263 / −423	−443 / −603

注：$\dfrac{H8}{r7}$ 在小于或等于 100 mm 时，为过渡配合。

参考文献

[1] 张士权. 画法几何[M]. 北京:北京航空航天大学出版社,1987.

[2] 佟国治,王乃成,潘柏楷,等. 机械制图[M]. 北京:北京航空航天大学出版社,1987.

[3] 宋子玉. 画法几何[M]. 北京:北京航空航天大学出版社,1998.

[4] 董国耀,赵国增,李兵,等. 机械制图[M]. 北京:高等教育出版社,2014.

[5] 谭建荣,张树有,陆国栋,等. 图学基础教程[M]. 北京:高等教育出版社,1999.

[6] 佟国治. 现代工程设计图学[M]. 北京:机械工业出版社,2000.

[7] 杨文彬. 机械结构设计准则及实例[M]. 北京:机械工业出版社,1997.

[8] 吴宗泽. 机械结构设计[M]. 北京:机械工业出版社,1988.